WENDELI

Elfrune Wendelberger

Grüne Wildnis am großen Strom

Die Donauauen

Verlag Niederösterreichisches Pressehaus

Am Gelingen des Buches waren folgende Fotografen maßgeblich beteiligt:
Franz Antonicek, Wien; Norbert Sendor, Wien; Univ.-Prof. Dr. Friedrich Ehrendorfer, Wien; Dr. Hermann Grögl, Wien; Dr. Franz Luttenberger, Wien; Oskar Schmid, Amriswil; Walter Tilgner, Konstanz; Univ.-Prof. Dr. Walter Url, Wien; Emil Weitnauer-Rüdin, Oltingen; Rüdiger Wendelberger, Baden; Univ.-Prof. Dr. Gustav Wendelberger.
Besonders die beiden Fotografen Antonicek und Sendor haben in jahrelangem mühevollem Einsatz der Tierwelt der Lobau nachgespürt und dabei die einmalig lebensnahen Aufnahmen zustandegebracht. Allen Genannten sei an dieser Stelle herzlich gedankt.

1. Auflage 1976
ISBN 3 85326 425 5

Umschlaggestaltung: Horst Gindl, St. Pölten
Verlag und Druck: Niederösterreichisches Pressehaus
Druck- und VerlagsgesmbH, A-3100 St. Pölten, Gutenbergstraße 12

Bildnachweis: Antonicek-Sendor, Wien: Seite 20 oben, 57, 58 unten, 59, 77, 78, 80 oben, 98 unten, 99, 100, 117, 119, 120; Ehrendorfer, Wien: Seite 20 unten, 38 oben, 60, 97; Grögl, Wien: Seite 19 unten; Luttenberger, Wien: Seite 18, 39; Schmid, Amriswil: Seite 19 oben; Tilgner, Konstanz: Seite 17, 38 unten; Url, Wien: Seite 80 unten; Weitnauer-Rüdin, Oltingen: Seite 40; Wendelberger R., Baden: Seite 58 oben; Wendelberger G., Baden: Seite 37, 79, 98 oben, 118.

INHALT

Vorwort

von

Univ.-Prof. DDr. Konrad Lorenz

Wenn man mich fragen würde, an welchem Ort der Erde ich das intensivste Heimatgefühl empfinde, so muß ich sagen, daß das überraschenderweise nicht mein Vaterhaus ist oder unser Garten, sondern der Auwald der nahegelegenen Donau. In der Au habe ich die schönsten Tage meiner Kindheit und Jugend erlebt, die reiche und immer wechselnde Tier- und Pflanzenwelt der Donauarme haben zuerst mein Forschungsinteresse erweckt. Schon im Alter von sechs Jahren stand ich mit der philosophischen Verwunderung des Forschers vor einem Überschwemmungstümpel, in dem sich große Mengen von Blattfußkrebschen tummelten, unter ihnen der Apus, der „vom Himmel gefallene vielfüßige Ohnfuß". Das war im Jahre 1909. Die nächste Invasion dieser merkwürdigen Tiere fand nachweislich erst im Jahre 1936 statt, so lange können die Dauereier dieser Krebschen auf günstige Bedingungen warten! Dieses frühe Au-Erlebnis hat sicher bestimmend auf meine Berufswahl gewirkt: die erste Tiergruppe, die ich schon als Gymnasiast systematisch untersuchte, waren jene Blattfußkrebschen und ihre nahen Verwandten.
Das nun vorliegende Buch ist eine Liebeserklärung an den Auwald, dieser letzten Urlandschaft Mitteleuropas, deren Tage vielleicht schon gezählt sind. Sie ist eine Landschaft voller Wunder, vergleichbar nur den tropischen Urwäldern, ein Dschungel in unseren gemäßigten Breiten — wissen wir überhaupt, was wir im Begriff sind zu verlieren?
Die Autorin ist als Försterstochter in den Donauauen aufgewachsen und von Kindesbeinen an mit den Pflanzen und Tieren dieser Lebensgemeinschaft vertraut. Im Gang durch die Jahreszeiten führt sie uns durch diese Landschaft am Strom, deren Gesicht so veränderlich ist, wie ihr Duft, wie ihre Melodie: „Vom Quarren der Kröten bis zum Röhren der Hirsche hat jeder Monat seine unverwechselbare Kulisse, sichtbar, hörbar, riechbar."
Diese Urlandschaft verdankt ihr Dasein den Überschwemmungen; sie bewahrten sie vor Rodungen. Die Forstbotanikerin, die ihre Doktorarbeit über den Auwald schrieb, erzählt uns, wie ein Auwald entsteht, beschreibt seine vielfältigen Pflanzengesellschaften, die Wunderwelt seiner verborgenen Altwässer, läßt uns teilhaben an ihren Erlebnissen mit den Tieren dieses Lebensraumes.
Sie erzählt uns ferner von der interessanten Arbeit des Försters, und in dieser sachkundigen Darstellung macht sich das „grüne Blut" in den Adern der Autorin bemerkbar, deren Vater, Großvater und Urgroßvater Forstleute waren.

„Muß der Auwald sterben?“ steht als bange Frage am Ende dieses Buches. Wenn dem bedenkenlosen Ausverkauf dieses Lebensraumes nicht bald Einhalt geboten wird, ist es allerdings unschwer abzusehen, wie lange es noch dauern wird, bis er zerstört ist und nur eine wehmütige Erinnerung an ihn bleibt. Der Weiterbestand der Au wird nicht zuletzt davon abhängen, ob es möglich sein wird, sie vom Rückstauraum der Kraftwerke aus regelmäßig zu überfluten, damit ihre wichtigste ökologische Voraussetzung erhalten bleibt. Mit diesen steuerbaren Zuflüssen, von denen einige schon realisiert sind, bestünde sogar die Möglichkeit, bereits verlandete Altwässer wieder zu durchströmen und damit die nachteiligen Folgen der Stromregulierungen wenigstens teilweise aufzuheben. Im Interessenkonflikt zwischen der Erhaltung des Auwaldes einerseits und seiner Preisgabe an Landwirtschaft und Industrie anderseits, muß der Erhaltung des Auwalds der unbedingte Vorrang eingeräumt werden. Die verantwortlichen Stellen sind aufgerufen, uns Österreichern dieses einzigartige Naturparadies zu erhalten, wenn notwendig durch die Schaffung eines Au-Nationalparks.

„Noch ist es Zeit. Noch dehnt sich mancherorts die grüne Wildnis am großen Strom voll paradiesischer Unberührtheit. Noch blühen seltene Blumen, noch ruft der Kuckuck, noch singt der Pirol in der Au. Wie lange noch?“

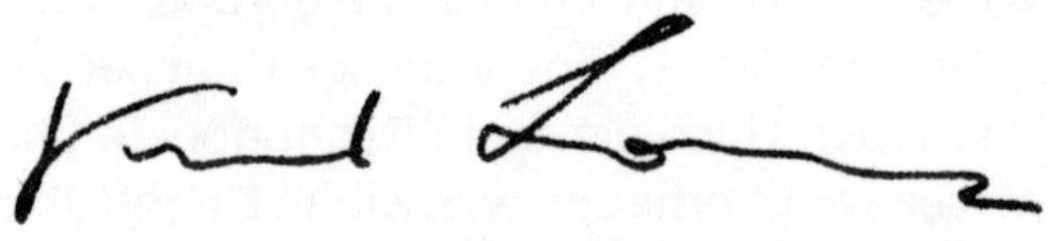

Meinem Vater

Vor unseren Augen geht eine Landschaft verloren, die bis heute urtümlich und naturbelassen geblieben war, wie kaum eine andere in Mitteleuropa. Niemand aber erhebt Einspruch dagegen, wenn wieder ein Stück davon gerodet, überstaut oder versiedelt wird, denn weitgehend unbekannt ist die grüne Wildnis, die die flachen Ufer unserer Flüsse säumt, die weiten Niederungen des großen Stromes bedeckt.
So will denn ich mich zum Anwalt des Auenwaldes machen, will von seiner verborgenen Schönheit erzählen, vom unerschöpflichen Reichtum seiner Pflanzen- und Tierwelt, von seinen verträumten Altwässern und seinen dramatischen Überschwemmungen. Denn für mich bedeutet Auwald Heimat.
Hier habe ich meine ersten Schritte getan, an der Hand meines Vaters, der als Forstmeister eines großen Auwaldreviers schon das Kleinkind auf seinen Waldgängen mitnahm. Lange vor der Schule lernte ich Weiden und Pappeln, Erlen und Eschen unterscheiden, nicht nur an den Blättern, sondern im Winter auch an Knospe und Rinde, ja am Geruch des frisch gefällten Holzes. Wenn ich auch oft schlammbedeckt, von Brombeeren zerkratzt und von Mücken zerstochen heimkehrte, so hätte mich doch nichts zurückhalten können, sobald mein Vater das nächste Mal seinem Hund pfiff und das Gewehr umhing. Dann ging es nämlich in die Au! Dabei mußten es nicht immer aufregende Ereignisse sein, wie der Besuch der Reiherkolonie oder das Belauschen spielender Jungfüchse vor dem Bau — mein Kindergemüt war auch empfänglich für die feinen, unwägbaren Stimmungen, die im Rhythmus der Jahreszeiten über dieser Landschaft am Strom lagen.
Wie einen kostbaren Schatz bewahre ich so die Erinnerung an den Schnepfenstrich im zeitigen Vorfrühling. Es riecht nach feuchtem Laub und frischgehacktem Reisig, nach aufspringenden Knospen und ersten Schneeglöckchen, es ist ein Duft, herb und süß zugleich, den ich wiedererkennen würde, und würde ich hundert Jahre alt und blind und taub zugleich.
Am Rande der großen Entenlacke mit den verschilften Rändern ist unser bevorzugter Stand. Vorerst sehen wir den Starenschwärmen zu, die nach vielen und komplizierten Schwenkmanövern prasselnd im Röhricht einfallen, das um diese frühe Jahreszeit ihr Nachtquartier ist. Ringsum braust noch der vielstimmige Chor der Vögel, aus dem laut und glockenrein das Abendlied der Singdrossel herauszuhören ist; dann setzt eine Stimme nach der anderen aus und in der eintretenden Stille tönt nur mehr die silberne Strophe des Rotkehlchens vom Wipfel der höchsten

Pappel herab; schließlich ist auch das letzte Wispern verstummt, der Tag schläft ein.
Das Getier der Nacht aber wird erst jetzt richtig lebendig. Während hinter den unbelaubten Weiden groß und rot der Vollmond aufgeht, plantschen Bisamratten in der Entenlacke, pfeifen Mäuse im Fallaub, flattern Fledermäuse über dem Schilf. Wenn die ersten Sterne sichtbar werden, die vier Schnepfensterne, dann kommt vielleicht der Schnepf.
Da quarrt etwas leise und im niedrigen Gaukelflug zieht ein Pärchen der langschnäbeligen Vögel über die Baumkronen hinweg, fast immer unbeschossen von meinem Vater, der das Gewehr meist nur als Alibi mit sich trug. Erst bis es ganz dunkel geworden ist, gehen wir Hand in Hand nach Hause, während vom Gebüschrand ein Reh hinter uns her schreckt und der Waldkauz uns sein langgezogenes „Huhuhuuu" nachruft.
Ganz nebenbei lernte ich auch die Arbeit des Försters kennen, die ja nicht nur im Fällen der Bäume und Wiederaufforsten des Schlages besteht. Steckenpferd meines Vaters war die Waldpflege, das rechtzeitige Auslichten und Durchforsten; das Pflanzen überließ er gerne der Natur, nachdem er die Voraussetzung für die Verjüngung — wie man den Anflug nennt — geschaffen hatte. Sehr schnell begriff ich, daß sein Waldbau niemals gegen die Natur gerichtet war, daß er immer bestrebt war, Hand in Hand mit ihr zu arbeiten, ihre Eigenarten abzulauschen. Immer ließ er ihr Spielraum, immer hatte sie das letzte Wort, selbst bei der uralten, hohlen Schwarzpappel, einem Überhälter aus einer vergangenen Waldgeneration: „Das ist ein Spechtbaum, der bleibt stehen, bis er von selbst umfällt."
Mit der Zeit gab ich einen ganz brauchbaren Forstadjunkten ab: Ich lernte, worauf es beim Durchforsten ankam, lernte den Zuwachs messen und die gefällten Bäume für den Verkauf in Qualitätsgruppen einteilen und beschämte die Hochschulpraktikanten durch meine Artenkenntnis.
Nur mit der Jagd stand ich auf Kriegsfuß. Ich wollte nicht einsehen, daß zur Hege auch der Abschuß gehöre, sollte das Wild sich nicht ins Ungemessene vermehren, zum Schaden des Waldes und letztlich auch sich selbst. Wolf, Luchs und Wildkatze, die früher den Wildbestand in Grenzen gehalten hatten, gibt es ja längst nicht mehr in unseren Wäldern.
Mein Vater war kein Schießer! Zu einer Zeit, als es noch üblich war, den Abschuß von Greifvögeln mit Prämien zu belohnen, standen sie schon unter seinem persönlichen Schutz; Marder und Dachs ließ er ungeschoren, Füchse hielt er wegen der reichen Niederwildjagd etwas kürzer, doch verabscheute er jegliche Art von Fallen und Gift.
Blieb der Abschuß des Rehwildes. Gibt es doch in der Au kein anmutigeres Tier als das Reh! Anderseits fügt kaum ein Tier dem Wald mehr Schaden zu, sobald es sich übermäßig vermehrt, als eben das Reh. Dessen-

ungeachtet versuchte ich mit allen, nicht immer fairen Mitteln, die Jagd darauf zu stören und womöglich zu verhindern: so trat ich auf der Pirsch absichtlich auf leere Schneckenhäuschen und dürre Zweige oder schwenkte gar im letzten Moment hinter dem Rücken meines Vaters ein weißes Taschentuch. Wirklich froh war ich denn auch nur zur Schonzeit, dann konnte ich auf einmal lautlos wie ein Indianer schleichen, konnte trotz Gelsenplage geduldig auf dem Hochstand ausharren. Auch das „Blatten", den fiependen Ruf der Rehgeiß, mit dem sie zur Brunftzeit den Bock anlockt, lernte ich perfekt, ohne Blatt, aus der Kehle heraus. Im Nachahmen von Tierstimmen übertraf ich bald meinen Vater — heute noch kann ich mich leidlich gut mit einem Waldkauz unterhalten und zuweilen gelingt es mir sogar mit dem „Mauseln", daß ein neugieriges Wiesel bis vor meine Fußspitzen kommt.

Kaum daß ich der Volksschule entwachsen war, zog mein Vater in den Krieg. Allein lief ich nun die Wege und Steige, mich oftmals verirrend, denn die Au ist trügerisch und unübersichtlich. Als letzten Ausweg blieb ich dann stehen und lauschte auf das Rauschen der Donau. Hatte ich diese Richtung einmal geortet, hielt mich kein Dickicht und kein Wassergraben mehr ab, bis ich am Strom stand, der gleichmäßig und beruhigend dahinzog und mich aller Richtungssorgen enthob. Von meinen Reviergängen schrieb ich lange Berichte zuerst nach Polen und Frankreich, später nach Rußland und Italien. Dazwischen lagen kurze Urlaube meines Vaters, während der ich hemmungslos die Schule schwänzte, um keine der kostbaren Stunden zu versäumen.

Sechs Jahre später war auch das zu Ende, kein Urlaub mehr, kein Brief und erst recht keine Heimkehr. Nur die Au war mir geblieben.

Jahre danach, als Studentin der Biologie, begann ich, über die Donauauen meine Doktorarbeit zu schreiben und mich dabei in die Eigenart und Vielfalt ihrer Vegetation zu vertiefen. Mit wissenschaftlichen Methoden ging ich nun an viele Probleme heran, die mein Vater oft wohl mehr im Selbstgespräch vor dem Kinde angedeutet hatte, vermißte schmerzlich seinen Rat und spürte doch auf Schritt und Tritt deutlich seine Gegenwart. Später führte mich mein Beruf zwei Jahrzehnte lang ausschließlich in Auenwälder: des Inn, der Enns und der Traun, der Mur und der March, immer wieder und vor allem aber in die Donauauen.

So bin ich der Landschaft meiner Kindheit, dem Forschungsgebiet meiner Jugend, mein ganzes Leben lang treu geblieben. Und wenn ich heute mit diesem Buch Freunde für den Auwald werben will, damit nicht in wenigen Jahrzehnten Maisfelder und Mülldeponien, Schottergruben und Industrie den Platz dieser einzigartigen Urlandschaft einnehmen, so betrachte ich das als Vermächtnis meines Vaters und hoffe, daß er mir dabei die Feder führt.

Ein Jahr geht durch die Au

Veränderlich ist das Gesicht der Landschaft am Strom, ist ihr Duft, ihre Melodie. Wer im Frühling die blühende Au besucht hat, kennt die abweisende des Sommers nicht wieder, findet sie im Herbst unter Nebelschleiern lächelnd vor, staunt im Winter über ihre Rauhreifpracht, über ihr lautes Vogelleben am fließenden Wasser. Gemessen an der Vielfalt ihrer Stimmungen, Farben und Bilder, erscheint der Buchenwald eintönig, der Fichtenwald gar stumm und tot. Ohne Unterlaß enthüllt der Auwald im Wechsel der Jahreszeiten etwas Neues und Unerwartetes, beinahe unerschöpflich ist sein Reichtum an Lebensformen: Andere Blumen blühen und welken in pausenloser Folge, andere Vögel singen und ziehen wieder fort; vom Quarren der Kröten bis zum Röhren der Hirsche hat jeder Monat seine unverwechselbare Kulisse, sichtbar, hörbar, riechbar.
Ein Jahr geht durch die Au, gehen wir mit!

VORFRÜHLING

Ein Hauch von Frühling liegt in der Luft, mehr zu riechen als zu sehen. Tagelang brauste der Südwind durch das kahle Geäst der Bäume, nun ist auch der letzte Rest des harschigen Schnees, von tausend Fährten und Spuren gezeichnet, dahingeschmolzen. Auch die graue und brüchige Eisdecke auf den Tümpeln und Weihern leistet nicht mehr länger Widerstand, vom Wind gekräuselt liegt wieder lebendiges Wasser inmitten des vorjährigen Schilfes. Nun läßt der steigende Saft die violetten Zweige des Hartriegels beinahe über Nacht blutrot aufleuchten, färbt die Weidenzweige gelborange, läßt die Knospen der Traubenkirsche schwellen. Jeden Tag mehren sich die Zeichen: Die dunklen Blütenkätzchen der Erle sind purpurn überlaufen und fangen zu stäuben an, über den Weiden liegt ein zartgrüner Schimmer und die klebrig gewordenen Schuppen der Pappelknospen verströmen einen balsamischen Duft. Unvermutet brechen da und dort die großen, gelb-purpurnen Blütenkätzchen aus dem Geäst, während die frostharten Traubenkirschen schon das erste Grün des Jahres zeigen. Nur Eschen und Eichen stehen noch winterlich kahl und düster da.
Dafür rührt es sich am Boden unter der dicken Laubdecke des Vorjahres schon allenthalben. Ungezählte Schneeglöckchen stecken ihre graugrünen Spitzen heraus, oftmals ein vorjähriges Blatt oder gar eine dichte Laubdecke durchbohrend und hochhebend: soviel Kraft und Lebenswillen steckt in dieser kleinen Pflanze! Beides hat sie auch bitter nötig, denn

mehr als einmal werden Schneeschauer sie wieder zudecken, wird ein eiskalter Wind den kaum angetauten Boden gefrieren lassen und das feuchte Laub in einen glasharten Panzer verwandeln. Aber schließlich wird es doch richtig Frühling, den sie aller Unbill zum Trotz millionenfach erlebt. Kopf an Kopf stehen dann die zierlichen weißen Blütenglöckchen, als hätte es abermals geschneit. Ihr zarter, lieblicher Duft, an der Einzelpflanze kaum spürbar, zieht wie der Hauch des Frühlings persönlich durch den Bestand.

Ähnlich massenhaft tritt der Bärlauch, der „wilde" Bruder des Knoblauchs, im Auwald auf. Aufgerollt zu kleinen Spießchen, durchstößt er das Erdreich und bald werden seine spinatgrünen Blätter über weite Flächen so vollständig den Boden bedecken, daß zwischen ihnen kaum eine andere Pflanze Raum und Luft finden kann. Wie das Schneeglöckchen ist auch er etwas wählerisch in seinen Standortansprüchen: er meidet die häufig überschwemmte Weidenau und bevorzugt die tiefgründige, frische und humusreiche Erlen- und Eschenau der höheren Lagen.

Erst im Mai entfaltet er seine schönen, weißen Blütendolden, die jedem Garten zur Zierde gereichen könnten, würden sie nicht wahrhaft atemberaubend nach Knoblauch stinken. Millionenfach verstärkt legt sich der Küchengeruch an windstillen, schwülen Tagen schwer auf die Lungen und betäubt die Sinne. Ist es denkbar, daß dieser aufdringlich riechende Lauch zur vornehmen, duftenden Familie der Liliengewächse zählt? Jedenfalls aber gehört er zum Ensemble der Auwaldpflanzen und der Förster sieht sein üppiges Wachstum nur zu gerne! Zeigt er ja nicht nur beste Bodenqualität an, sondern wirkt mit seinen rasch verrottenden Blattmassen selbst noch als Gründünger.

Und nun kommen auch schon die ersten Farbtupfen aus der Palette des Frühlings hinzu: Schwefelgelb leuchten die Büschel der Himmelschlüssel, die hier in der feuchten und fruchtbaren Au fast doppelt so groß und üppig werden, wie draußen auf den Wiesen. Zwar fehlen die Stengellosen Primeln und auch die dunkleren und stärker duftenden Echten Schlüsselblumen, aber die Hohe Schlüsselblume macht das Manko mehr als wett mit wahren Prachtexemplaren ihrer vollen gelben Blütenbüscheln. Sogar zweifarbig, rot und blau, blüht das Lungenkraut, auch Osterblume oder „Hänsel und Gretel" genannt. Wie bringt es die Pflanze nur zustande, zweierlei Blütenfarben aus einem „Topf" zu nehmen? Des Rätsels Lösung ist eine chemische. Der Zellsaft reagiert in der aufblühenden Pflanze sauer und färbt dadurch den Blütenfarbstoff rot. Nach der Bestäubung schlägt seine Reaktion von sauer auf basisch um, und die Blüten werden blau. Für die Bienen und Hummeln ist das ein zeitsparendes Signal, daß hier nichts mehr zu holen ist.

Wo der langsam fließende Bach in vielen Windungen durch die Erlenau zieht, bringt er die kräftige Frühlingsknotenblume mit, die größere und seltenere Schwester des Schneeglöckchens. Und zwischen dem dürren Fallaub, auf dem Schlammstreifen der letzten Überschwemmung, leuchtet es auf einmal himmelblau: der gar nicht häufige Blaustern, die schönste Blume des Vorfrühlings, ist auch schon da. Nur zwei schmale, grasartige Blätter hat diese kleine Lilie, zwischen denen auf rötlichem Stengel einige wenige leuchtendblaue Sterne sitzen. Hätte ich das Recht, die blaue Blume der Romantik zu nominieren, der Blaustern der Frühlingsau stünde an erster Stelle!

Fast hätte ich die Veilchen vergessen, die in allen Schattierungen von himmelblau bis dunkelviolett fleckenweise unter Strauch und Busch erblüht sind. Als Studentin verzweifelte ich beinahe über der Aufgabe, sie zu bestimmen, denn an die dreißig Arten stehen zur Auswahl im Bestimmungsbuch. Zum Glück versteckt sich nur ein Bruchteil von ihnen im Auwald und von diesen ist unser bekanntes Wohlriechendes Veilchen noch am häufigsten. Auf höher gelegenen, trockenen Auteilen wächst mitunter auch ein duftendes, weißes Veilchen, während das duftlose, himmelblaue Hundsveilchen sonnige Waldränder und Böschungen bevorzugt. Später blüht das gleichfalls duftlose Waldveilchen mit großen violetten Blüten, und ganz aus der Reihe tanzt das Wunderveilchen, das zuerst große, blaßlilafarbene, wohlriechende Blüten entfaltet und dann noch einmal unscheinbare, kronenlose Blüten ansetzt. Was sich sonst noch auf Auwiesen und Uferdämmen an Veilchen herumtreibt, wollen wir lieber gar nicht so genau wissen, sonst könnte uns ihre komplizierte Systematik die Freude an diesen lieblichen Frühlingsboten schmälern.

Mit veilchenähnlichen, jedoch lebhaft glänzenden Blättern überzieht jetzt auch die Feigwurz feuchte Gräben und staunasse Mulden, mit ihren leuchtend gelben Hahnenfußblüten wie eine Miniaturausgabe der Sumpfdotterblume aussehend. Fleischfarben bis blaßrosa brechen da und dort ganz merkwürdige, schuppige Trauben aus dem Humus der Erlenau und drängen ans Tageslicht. In dichten Nestern kommen sie angerückt, nicht ein einziges grünes Blatt besitzen sie, wohl aber entfalten sie bald eine Reihe bleichrosa Rachenblüten. Spüren wir dem verdächtigen Gewächs bis unter die Erde nach, so treffen wir auf einen tiefreichenden, astigen Wurzelstock, der immer wieder mit den Wurzeln anderer Bäume verwachsen ist. Die Schuppenwurz ist nämlich ein echter Schmarotzer: Alles, was sie zum Leben braucht, zieht sie aus den Wurzeln benachbarter Bäume, die den Parasiten gar nicht zu merken scheinen. Das ganze Jahr bleibt sie unsichtbar unter der Erde, nur im Frühling erwacht auch in ihr der Drang zum Blühen und sie schickt ihre absonderlichen, einseitswendigen Blütentrauben empor zum Licht.

Wo die Au nicht mehr überschwemmt wird und Eichen und Eschen stehen, können wir gelegentlich auch den Aronstab finden, den wohl interessantesten Frühjahrsblüher der Au. Dabei sieht er ganz unscheinbar aus: Dunkelgrüne, pfeilförmige Blätter und grünlichweiße, tütenförmige Blüten. „Blüte" ist eigentlich nicht die richtige Bezeichnung: die wirklichen Blüten sitzen nämlich dicht aneinandergereiht und winzig klein auf einem purpurnen Kolben, den das lichtgrüne Hochblatt wie eine Tüte umschließt. Das Originelle am Aronstab aber ist die Methode, mit der er seine Blütenbesucher, winzige Fliegen und Mücken, zur Bestäubung zwingt. Zuerst lockt er sie mit einem intensiven Aasgeruch aus weitem Umkreis an. Sind sie dann glücklich am Rande des Trichters gelandet, veranlaßt sie die wohlige Wärme, die ihnen entgegenschlägt, weiter in die Tiefe zu kriechen. Um diese Jahreszeit ist es noch recht kalt, der Aronstab bringt jedoch das Kunststück fertig, das Innere seiner Blüte so aufzuheizen, daß es dort bis zu fünf Grad wärmer ist, als außerhalb. Für die kleinen Insekten scheint es das ideale Nachtquartier zu sein, noch dazu wird ihnen auch süßer Nektar angeboten. Allerdings können sie aus dem kleinen Wirtshaus so schnell nicht wieder hinaus, denn der Ausgang ist durch steife, nach unten gerichtete Reusenhaare versperrt. Allmählich wird das lästig, zumal immer neue Gäste hinzukommen und das Gedränge ständig zunimmt. Da aber fällt wie im Märchen ein feiner, goldener Regen aus den männlichen Blüten auf die kleinen Gefangenen, zugleich welken und schrumpfen die Reusenhaare und geben den Weg nach oben frei.

Draußen ist es kühl! Eigentlich war es viel gemütlicher in dem kleinen Lokal, aber da schimmert ja schon wieder die nächste bauchige Tüte und duftet nach Aas. Nur schnell hinein in die gute Stube, mit all dem goldenen Blütenstaub auf Fühlern, Flügeln und Beinchen!

DIE HOCHZEIT DER LURCHE

Doch das steigende Jahr heißt nicht nur die Knospen der Bäume schwellen und Schneeglöckchen und Veilchen blühen! Hört ihr es von dem versumpften Altwasser her knarren und quarren, murren und knurren? Hier ist eine Hochzeit im Gange, eine Massenhochzeit noch dazu, die ihresgleichen nicht so leicht findet. Der erste laue Frühlingsregen hat die Erdkröten aus ihren Verstecken und Schlupfwinkeln gelockt; nun krabbeln und kriechen, hüpfen und eilen sie zum nächsten Wasser. Erschreckt man sie, blasen sie sich zu abgründiger Häßlichkeit auf, zu der nur die großen, goldenen Märchenaugen im merkwürdigen Gegensatz stehen. Zu vielen Hunderten sind sie unterwegs, um das neuerwachte Leben gleich wieder weiterzugeben. Kreuzt eine Straße ihren Weg, bleiben sie dutzendweise auf der Strecke, von den schweren Holzfuhren zermalmt, in der Frühlingssonne zu kleinen, platten Mumien vertrocknend. Aber der Strom geht unablässig weiter und endet erst mit einem letzten erlösenden Bogensprung im Wasser. Manche Männchen haben schon unterwegs ein Weibchen ergattert, sich auf dessen Rücken geschwungen und lassen sich von der laichschweren Gefährtin den Rest des Weges tragen, andere erwarten sie erst im Wasser. So groß ist die Zahl der brünstigen Freier, daß gelegentlich ein Weibchen von der Vielzahl seiner Bewerber totgedrückt wird. Arg liebestoll sind nämlich die Männchen, alles, was sich bewegt, umklammern sie, sogar Fische oder eine menschliche Hand.

Nun ist überall im feuchten Naß Bewegung, es brodelt richtig von eilig rudernden, kämpfenden und abwehrenden Kröten. Andere lauern bewegungslos, mit gespreizten Beinen im Wasser hängend, auf den nächsten Plumpser, der eine neuankommende Braut verkündet. Schließlich haben die meisten ihre Partner gefunden, paarweise über Stunden und Tage aneinandergeklammert, lassen sie nun tausendfach die Keime des Lebens ins Wasser rinnen. Aus den gallertartig aufgequollenen Schnüren, in deren Inneren unzählige, dunkle Pünktchen scheinen, werden sich schon in wenigen Wochen tintenschwarze Kaulquappen lösen, sich zu langen Zügen sammeln, das Wasser mit ihren kleinen Leibern dunkel färbend.

So oft ich eine Erdkröte schwerbepackt mit ihrem Gatten mühsam ihres Weges ziehen sehe, fällt mir eine heitere Begebenheit aus meinen Kindertagen ein. Ich muß damals noch sehr klein gewesen sein, als ich meinen Vater fragte, warum die Kröten heute einander huckepack trügen. Ganz gegen seine sonstige Gewohnheit, die Dinge beim Namen zu nennen, sagte er, wohl in einer scherzhaften Laune, sie trügen ihre Großmutter, die nicht mehr allein gehen könne, zum Wasser. Das leuchtete mir sehr ein, hatten wir doch selbst eine gelähmte Großmutter zu Hause, die gehoben und getragen werden mußte. Außerdem war das Wort meines Vaters sowieso Evangelium für mich, das ich niemals anzweifelte. So kam es, daß ich viele Jahre später noch daran glaubte, im Frühling trügen die Kröten ihre Großmütter huckepack spazieren.

Die Erdkröten haben längst abgelaicht, wenn die grasgrünen Wasserfrösche an der Reihe sind, deren hochzeitliche Gesänge bei weitem klangvoller und lautstärker erschallen, als die ihrer warzigen Verwandten. Bis tief in den Sommer hinein wird ihr auf- und abschwellender Gesang die Nächte durchtönen, rauh und melodisch zugleich, wie vielstimmiges, fernes Glockengeläut.

Wollen wir uns so ein Orchester einmal aus der Nähe besehen, brauchen wir nur ein bißchen zu warten, bis die blitzschnell weggetauchten Musi-

Bärlauchblüte in der Eschenau
Erdkröten bei der Paarung — Krötenlaich

kanten nach und nach wieder an die Oberfläche gekommen sind. Die weit hervorquellenden Augen erscheinen zuerst; droht keine Gefahr, so nehmen die gelbgrünen Gesellen auf den schwimmenden Inseln von Laichkraut und vorjährigem Schilf wieder ihre Plätze ein. Zögernd beginnt einer zu singen; dabei schließt er Mund und Nasenlöcher ganz fest, zieht den Bauch ein und preßt die Luft in die Mundhöhle, bis die Kehle sich weitet und in den Mundwinkeln zwei kugelrunde, weiße Schallblasen anschwellen. Ein kurzes Öffnen der Nasenlöcher und unter quakquaak ziehen sich die Schallblasen wieder zusammen. Meckernd fällt ein zweiter ein, ein dritter quakt dazu, bis schließlich der ganze Chor wieder vereint ist, in verschiedenen Tonhöhen und Klangfarben — es fehlt bloß noch der Taktstock des Dirigenten. Von der Abenddämmerung bis zum Morgengrauen währt das Konzert und es hallt so laut, daß selbst kilometerweit entfernte Dörfer in lauen Sommernächten der Schlafmusik teilhaftig werden.
Leiser und melodischer als der ein wenig aufdringliche Gesang der Wasserfrösche sind die dunklen, schwermütigen Rufe der scheuen Unken. Überrascht man sie auf dem Lande, werfen sie sich oft blitzschnell auf den Rücken, kreuzen die Arme über der Brust und präsentieren ihre grellorangerote Bauchseite. Die rasche Bewegung, verbunden mit der Schockfarbe, läßt wohl manchen Verfolger zurückschrecken. Genügt das noch nicht, schwitzen die Unken in ihrer Angst einen weißlichen, ätzend riechenden, giftigen Schaum aus, der dem Angreifer den Appetit gründlich verderben soll.
Wie ein Singvogel trillert dagegen die hübsche, gelbgrün gefleckte Wechselkröte; ganz und gar unlurchisch ist ihr Gesang und es hat eine Weile gedauert, bis ich herausgefunden hatte, welch seltsamer „Vogel" diese Töne von sich gibt.
Unauffälliger als bei seinen Verwandten, geht es bei der Hochzeit des Laubfrosches zu. Vielleicht fallen seine „Balz"rufe auch nur deshalb weniger auf, weil man ihn ohnedies das ganze Jahr hindurch von Busch und Baum herab quaken hört. Zur Paarung müssen aber auch die grünen Klettermeister zum Wasser herabsteigen, von dem sie sich sonst oft weit entfernen. Meist nächtlicherweile setzen sie dort, nach stundenlanger Umklammerung, ihren kaum taubeneigroßen Laichballen ab.

MEDUSENHAUPT

Ein einziges Mal in meinem Leben war ich Zeuge einer Massenpaarung von Ringelnattern. Es war an einem schwülen und windstillen Maimorgen, an dem mir ungewöhnlich viele Ringelnattern begegneten, die alle

Pirol (Goldamsel) beim Füttern — Hochsommer in der Au
Blühende Teichrose — Frühlingsknotenblumen

zielbewußt in ein und dieselbe Richtung zu kriechen schienen. Ich beachtete sie nicht weiter, bis ich zufällig im dichten Röhricht auf einen Knäuel ineinander verschlungener Schlangen stieß. Die sonst scheuen Tiere bemerkten mich gar nicht, waren ganz vertieft in ihr verzücktes Liebesspiel, einander mit jeder Windung ihrer schlanken, glatten Körper zu fühlen. Immer noch kamen Neuankömmlinge hinzu, glitten fast unhörbar durch das Schilf heran und flochten sich in den lebendigen Knäuel der geschmeidigen Leiber. Fast armdicke Tiere waren dabei, aber auch kleinere, dünnere, Köpfe und Schwanzspitzen und alles durcheinander, ich kann nicht sagen wie viele. Doch schien es mir unrecht, sie zu stören, und so schlich ich mich auf leisen Sohlen wieder davon.

Ringelnattern kommen in der Au ziemlich häufig vor. Sie nähren sich von Fröschen, Fischen und Mäusen, ganz bestimmt nicht von Fasaneneiern, noch weniger klettern sie auf Bäume und nehmen Vogelnester aus. Die Ringelnatter ist eher eine Wasserschlange, wirklich schön anzusehen, wenn sie mit kraftvollen, schnellen Windungen durch die Flut schwimmt. Dabei hält sie das feine, schmale Köpfchen mit den goldgelben Halbmonden am Hinterkopf graziös empor, gesäumt von einer schon aus der Entfernung sichtbaren Bugwelle. An kühlen Morgen wärmt sie sich gerne auf sonnigen Steindämmen: Auf solch einem Steindamm, am Rande eines Spaltes, fand ich auch einmal eine Schlangenhaut, die ihrer Besitzerin zu klein geworden und aus der sie buchstäblich gefahren war. Das gläsern, durchsichtige Kleid war bis auf einen Riß im Nacken von der Schwanzspitze bis zum Kopf unversehrt, deutlich konnte man die einzelnen Schuppen, die Augen- und Nasenlöcher erkennen.

Ich war von jeher gut Freund mit den Ringelnattern in der Au. In meiner märchengläubigen Kindheit vermeinte ich, in den dottergelben Flecken am Hinterkopf das goldene Krönlein der Natternkönigin zu sehen, später schloß ich sie ganz selbstverständlich in meine Sympathie und Liebe zu allem Lebendigen ein. Deshalb wird es mir immer unverständlich bleiben, wenn durchaus vernünftige Frauen bei deren Anblick von hysterischer Panik befallen werden, warum Mordlust sonst ganz normale Männer ergreift und sie nicht eher ruhen, bis das harmlose Tier blutend verzuckt. Ich glaube nicht an eine angebliche Urangst vor Schlangen, denn kleine Kinder verhalten sich ihnen gegenüber völlig unbefangen. Fehlt das schlechte Beispiel von Erwachsenen, so bleibt diese Unbefangenheit auch erhalten. Verständnismäßig läßt sich die Hysterie bei vielen Menschen aber noch weniger erklären, gab es doch selbst durch die giftige Kreuzotter schon seit Jahrzehnten keinen Todesfall mehr, von der gänzlich ungiftigen Ringelnatter ganz zu schweigen.

„VERRÜCKT WIE EIN MÄRZHASE"

Was Kröten und Schlangen recht, ist den Hasen nur billig. So läßt die Liebe auch den sprichwörtlichen „Hasenfuß" im Frühling alle Vorsicht vergessen. Dabei tun wir Meister Lampe Unrecht, wenn wir ihn einen Feigling schimpfen: Bei seiner eigenen Wehrlosigkeit und der Überzahl seiner Feinde bleibt ihm gar nichts anderes übrig als Flucht. Um als Art zu überleben, vermehrt er sich auch sehr schnell und geht drei- bis viermal im Jahr auf Brautschau. Wenn nur zwei seiner Nachkommen am Leben bleiben, ist sein Bestand schon gesichert. In letzter Zeit geht die Rechnung allerdings nicht mehr auf. Pestizide und schnelle Autos dezimieren ihn immer mehr. Während er sich an den Straßenverkehr vielleicht gewöhnen und mit der Zeit richtiges Verhalten lernen könnte, ist er den Spritzmitteln gegenüber völlig wehrlos und hat besonders in Rübenanbaugebieten beängstigend abgenommen. Er exerziert uns wahrscheinlich das vor, was uns selbst bevorsteht, wenn wir fortfahren, unsere Umwelt zu vergiften.

Kehren wir zurück zur Hasenhochzeit, die — zumindest für den unbeteiligten Zuschauer — eine recht vergnügliche Sache ist. Zu viert oder fünft tanzen sie den Liebesreigen über die Felder, voran die Häsin, hintendrein ihre Verehrer. Plötzlich macht ein Rammler kehrt und „klatsch-bumm", es ist deutlich zu hören, traktiert er seinen Nebenbuhler mit Ohrfeigen. Dieser, nicht faul, dreht sich um und schleudert mit den Hinterläufen seinem Angreifer eine Portion Sand in die Augen. Im Nu ist eine regelrechte Balgerei aller gegen alle im Gange. Unter Knurren und Murksen prügeln sich die, angeblich so friedfertigen Tiere, daß die Wolle nur so fliegt. Allein die Häsin bleibt unbeteiligt. Von den Streithammeln unbemerkt, hoppelt sie eilig davon.

So plötzlich, wie er begonnen, endet der Kampf auch wieder. Die Spur der Häsin ist mit der Nase bald gefunden, die Verfolgungsjagd wird aufgenommen. Beinahe hätte der erste Rammler diesmal sein Ziel erreicht, da duckt sich die Häsin im letzten Moment und der Freier springt über sie hinweg. Inzwischen sind auch die anderen wieder nachgekommen und das Ringelspiel dreht sich weiter.

Einmal sah ich im zeitigen Frühjahr über eine Stunde lang dem Treiben der liebestollen Hasen zu. Dabei stand ich kaum gedeckt am Waldrand und lachte oftmals laut auf, ohne daß sie sich stören ließen. Gerade als ich gehen wollte, peilte die Häsin ausgerechnet mein Waldeck an und kam im vollen Galopp auf mich zu. Hinterdrein ihre fünf Bedränger. Jetzt wird sie es merken, einen Haken schlagen und das Weite suchen, dachte ich mir. Weit gefehlt! Knapp einen Meter neben mir lief sie mit weit offenen, feuchten Lichtern vorbei, so nah, daß ich die dunkel gesäumten, in-

nen flaumig weißen Löffel hätte greifen können! Und alle fünf Rammler folgten getreulich ihrer Spur, stolperten fast über meine Stiefel und bemerkten mich nicht!
Von dem runden Dutzend Hasenkindern, die als Folge des turbulenten Liebeslebens der Häsin alljährlich das Licht der Welt erblicken, erreicht nur ein Bruchteil das zweite Lebensjahr. Abgesehen von der hohen „Säuglingssterblichkeit“ durch Schlechtwetterperioden, Krähen und Wiesel, holen auch den sprichwörtlich leichtsinnigen und unerfahrenen „heurigen Has“ noch oft der Fuchs und der Habicht, erlegt ihn im ersten Winter der Jäger, zermalmt ihn das Auto. Erst wenn er alle diese Fährnisse überlebt und gewitzigt genug geworden ist, ihnen auszuweichen, steigen seine Chancen, „alt“ zu werden. Im Hasenfalle sind das fünf bis zehn Jahre!
Einmal gelang es uns, so ein unerfahrenes Häschen vor einem schlimmen Schicksal zu bewahren. Wir radelten zu dritt auf einem Uferstäßchen entlang der Au. Knapp vor uns hoppelte ein halbwüchsiger Hase, der unser geräuschloses Herannahen nicht bemerkt hatte. Wir stellten uns auf seine Geschwindigkeit ein, neugierig, wie lange es dauern würde, bis er sich umsah. Es dauerte sehr lange. Unser Hase lief auf der schnurgeraden Uferstraße so unbekümmert dahin, als gäbe es nur Vegetarier auf der Welt. Da schwenkte plötzlich aus dem Wald ein mächtiger Habicht heraus und stieß mit weit vorgestreckten Fängen auf das ahnungslose Häschen nieder. Ich schrie laut auf und der Greifvogel prallte zurück, wollte dann aber doch die sichere Beute nicht aufgeben und stieß abermals nieder. Erst unser dreifaches Klingeln mit der Radglocke verscheuchte ihn schließlich doch. Endlich hatte auch das Hasenkind die Gefahr begriffen und verschwand mit einem riesigen Hopser im Dickicht der Brombeerranken. Von uns dreien waren Mutter und Söhnchen glücklich über die gelungene Rettung, nur der Vater kommentierte etwas nachdenklich: „Und was wird jetzt der arme Habicht zum Nachtmahl essen?“

AUF DER WEIDENINSEL

Habe ich schon gesagt, daß man im Auwald den Frühling mit der Nase suchen muß? Von der nahen Schotterbank im Strom zieht ein süßer Honigduft herüber, und man muß keine Biene sein, um sich von ihm verlokken zu lassen. Erst vor ein paar Jahren hat ein Hochwasser diese Insel aufgeschüttet, und schon haben bürstendichte Strauchweiden von ihr Besitz ergriffen. Unscheinbar und einheitlich graugrün waren die jungen Weidenruten im letzten Sommer, aber jetzt sind sie dicht mit köstlich duftenden Kätzchen geschmückt. Wer hätte gedacht, daß so viele verschiedene Weidenarten auf so kleinem Raum zusammen wachsen? Rötlich schimmern die schmalen Kätzchen der Purpurweide, große, dottergelbe und zottige Kätzchen sitzen auf den bläulich bereiften Zweigen der Schimmelweide, hellgelb sind die kleinen Blütenstände der Mandelweide, die das Kunststück fertigbringt, nach jeder Überflutung neu zu blühen, in manchen Jahren bis zu fünfmal! Die sparrigen Zweige der Grauweide sind mit kleinen, bogig gekrümmten Kätzchen besetzt, walzenförmig und dick sind die der biegsamen Korbweide. Dazwischen stehen Sträucher mit unscheinbaren, graugrünen Kätzchen, die dazugehörigen weiblichen Pflanzen. Weiden sind nämlich nach Geschlechtern getrennt, auf einer Pflanze gibt es entweder nur weibliche oder nur männliche Blüten. Dafür kreuzen die Arten munter durcheinander und dreifache, ja fünffache Bastarde sind keine Seltenheit.

Später im Jahr, gegen Ende April, blühen auch die mächtigen, baumförmigen Silberweiden und verwandeln die Au in einen grüngoldenen, honigduftenden Dom, in dessen Höhen unablässig die Bienenorgel summt.

Wer diese verzauberte Landschaft kennenlernen will, muß mit dem Faltboot auf den verschwiegenen, vielfach verschlungenen Altarmen durch die frühlingsgrüne Au paddeln. Entenmütter bringen ihre flaumigen Kükken in Sicherheit, Graureiher stehen beim Fischfang bis zum Bauch im Wasser und erheben sich mit schweren Flügelschlägen, und ganz wie im Märchen fliegt ein leuchtend bunter Vogel vorbei, schneller als die Augen folgen können. War das wirklich ein Eisvogel? Am Rande der Altarme breitet das Sumpfvergißmeinnicht seinen himmelblauen Blütenteppich auf dem schlammigfeuchten Boden aus, ein Blau, das schöner und tiefer ist als das aller anderen Vergißmeinnichtarten zusammen. Aber nur wenigen ist seine leuchtende Pracht bekannt, so verborgen blüht es zwischen Schilf und Brennesseln, so undurchdringlich ist die Krautwildnis auf dem bodenlosen Schlamm.

DIE AU — EIN BLÜHENDER GARTEN

Nicht nur in der Weidenau und entlang der Altarme schäumt die Au jetzt über von Blüten und Leben. Die dichten Erlenauen, die hohen, ernsten Eschenauen sind wie verwandelt, denn die Traubenkirsche hat ihre weißen, betäubend süß duftenden Blütentrauben geöffnet. Sie verkörpert den Inbegriff der heiteren, lachenden Au, mit der sich kein anderer Wald vergleichen läßt.

Das empfanden auch die Förster aus dem Gebirge, die ich vor Jahren einmal durch die frühlingsgrünen Donauauen führte. Nach einem halben Tag waren sie ganz verwirrt von dem vielfältigen Blühen, bis einer von ihnen stehen blieb und die Meinung aller aussprach: „Nein, das ist kein Wald mehr, das ist ja ein blühender Garten." Es klang beinahe mißbilligend, aber ungewollt hatte er damit der Au das schönste Kompliment gemacht.

Nach der Traubenkirsche, die mit Laub und Blüten allen anderen um eine Nasenlänge voraus ist, kommen die anderen Sträucher an die Reihe. Wo der Schotter nahe, der Boden sandig und trocken ist, blüht überall die stachelige Berberitze mit sattgelben, hängenden Blütentrauben. Ihr Duft ist aus der Nähe eher unangenehm, aus größerer Entfernung aber eigenartig wohlriechend. Weil sie so verläßlich den Schotter anzeigt, kann man die trockenen Flächen und Riegel im Auwaldbereich um diese Jahreszeit buchstäblich riechen.

Etwas später blüht auf ähnlichen Standorten der wehrhafte Weißdorn mit weißen, stark riechenden Blütenbüscheln. Besonders im offenen Gelände der Trockenrasen, wo er von allen Seiten Licht bekommt, bilden seine Büsche beinahe geometrisch genaue Halbkugelformen, die zur Blütezeit riesigen Blumensträußen gleichen.

An Waldrändern hat das Gemeine Geißblatt, auch Rote Heckenkirsche genannt, seine in Elfenbein und zartem Rosa getönten Röhrenblüten geöffnet, aus denen Staubblätter und Stempel weit heraushängen. Tagsüber werden sie eifrig von Bienen umschwärmt, in der Nacht aber lockt ihr süßer Duft langrüsselige Nachtschwärmer aus ihren Tagverstecken. Im reißenden Flug schießen sie heran, verhalten, wie Kolibri in der Luft stehend, während ihre Flügel wie Propeller kreisen und sich der lange Rüssel tief in die Blütenkelche bis zur Nektarquelle senkt.

Doch das Blühen nimmt noch lange kein Ende! Nun ist erst der Schwarze Holunder, der markanteste Strauch der Erlenau, mit seinen großen, weißen Ebensträußen an der Reihe, gefolgt vom Roten Hartriegel, der seine purpurnen Zweige mit weißen Blütendolden besetzt. Den Reigen beschließt der giftige Liguster, der gleich der Heckenkirsche trockene Waldränder bevorzugt. Seine milchig weißen Blütentrauben strömen vor allem am Abend einen intensiven, schwülen Duft aus, der die Nachtfalterblume verrät.

Die meisten dieser Blütensträucher sind so dekorativ, daß sie als Ziersträucher in unseren Gärten und Parkanlagen kultiviert werden.

PIROL UND KUCKUCK VERKÜNDEN DEN MAI

Inzwischen ist endlich auch der Pfingstvogel oder Pirol, der letzte Heimkehrer aus dem Süden, in der Au eingetroffen. Es fällt nicht schwer, sein flötendes Pfeifen nachzuahmen, das er allenthalben hören läßt, und damit bekommen wir den scheuen, goldgelben Vogel vielleicht auch einmal zu Gesicht. Jedenfalls antwortet er prompt auf unseren Ruf und kommt immer näher. Läßt sich diese „Goldamsel" nur selten sehen, bleibt das Nest vollkommen unsichtbar, und das hat seinen guten Grund. Sachgemäß wickelt das grünliche Pirolweibchen hoch oben in den Baumkronen feste Grashalme um eine passende Astgabel. Dann hängt sie auf diesen soliden Tragbändern ihre Wiege auf, die sie mit Moos und Spinnweben gut auspolstert, und schließlich kunstvoll mit lebenden, belaubten Zweigen auspolstert. Was Wunder, daß der Pirol in dem Ruf steht, er verstecke die Wurzel des Salomonssiegels, die geheimnisvolle Springwurz, in seinem Nest und mache es damit unsichtbar!

Noch leichter als der Pirol läßt sich der Kuckuck durch seinen nachgeahmten Ruf heranlocken. Als Kinder beherrschten wir diese Kunst mit Hilfe eines leeren Schneckenhauses perfekt. Um diese Jahreszeit ist das Kuckucksmännchen sehr streitlustig, ist es doch dabei, sein Revier abzugrenzen, und das reicht eben buchstäblich so weit wie seine Stimme. In seiner Erregung befürchtet er in unserem Ruf sogleich eine Konkurrenz, hört vielleicht deshalb auch nicht so genau hin, sondern versucht, uns mit aller Kraft niederzuschreien und rückt dabei immer näher. Es geht überhaupt sehr laut zu bei den ruhelosen Gesellen, wie aufgezogen schreien sie den ganzen Tag nach allen Windrichtungen ihr „Kuckuck". Dazu kommt noch der Spektakel, mit dem die erbitterten Singvögel sie verfolgen, die anscheinend ein Urwissen warnt, daß er Unglück über ihre Brut bringen wird. Mit seinem pausenlosen Revierruf beherrscht der Gauch derart den Mai, daß sogar viele um diese Jahreszeit blühende Blumen nach ihm benannt sind. So heißt die rosenrote Lichtnelke, die im Mai auf feuchten Auwiesen blüht, sogar mit ihrem lateinischen Namen „Lychnis flos cuculi", auf deutsch einfach Kuckucksnelke. Auch die Knabenkräuter nennt man im gesamten deutschen Sprachraum (nach dem Vogel des Frühlings und der Fruchtbarkeit) Kuckucksblumen. Selbst das Sekret der Schaumzikaden, das um diese Jahreszeit oft von den Weiden heruntertropft, traut der Volksmund dem Kuckuck zu und nennt es „Kuckucksspeichel".

Kuckuckszeit ist auch Maiglöckchenzeit; wie eine schwere Wolke liegt ihr Duft jetzt über der Au, denn niemals wächst ein Maiglöckchen allein, immer hat es viele Gefährtinnen neben sich. Unter den alten Ulmen und Eschen, dort wo das Hochwasser selten hinkommt, hat sich die kleine,

der Göttin Freya geweihte Waldlilie massenhaft ausgebreitet. Macht es die romantische Blütenzeit im Mai, die zierliche Glöckchenform der Blüten oder ihr unvergleichlicher Wohlgeruch, daß das Maiglöckchen zu den volkstümlichsten Wildblumen zählt?
Wo das Maiglöckchen wächst, ist auch der Salomonssiegel nicht weit, dieses uralte, gleichfalls weißblühende Zauberkraut. Sein Name leitet sich von der unterirdisch kriechenden Grundachse ab, von der alljährlich die Sprosse entspringen. Nach ihrem Absterben hinterlassen sie auf dem Wurzelstock rundliche, flache Narben — eben die Salomonssiegel. Übernatürliche Kräfte traut man diesem Liliengewächs zu, Tür und Tor soll es öffnen, verhextes Vieh entzaubern, kleine Kinder vor dem bösen Blick schützen und vor allem Glück bringen.
Mit der Belaubung ist die Zeit der bunten Blumen im Wald vorbei. Was der hohe Sommer an farbigen Blüten bringt, das drängt sich auf Waldrändern und Schlägen zusammen, wächst auf Wiesen, Schneisen und in Sümpfen. Im tiefen Schatten trägt man vorteilhafter weiße Farben und intensiven Duft, um von den Blütenbesuchern in der grünen Dämmerung gefunden zu werden. So blüht im Inneren des alten Eschenbestandes erst im Mai und Juni eine gar nicht häufige Orchidee, die Waldhyazinthe, die ihren Namen nach ihrem hyazinthenähnlichen Duft erhielt.
Fremdartig und geheimnisvoll, wie das Aussehen ihrer milchig weißen Blüten, mit denen die steife Rispe besetzt ist, erscheint ihre ganze Lebensgeschichte. Wie alle Orchideen besitzt sie nämlich unvorstellbar winzige Samen, die erst einmal auf einen zusagenden Pilz im Waldboden treffen müssen, um überhaupt keimen zu können. Nur wenige Standorte sind für die Waldhyazinthen geeignet, nur selten tritt der Glücksfall ein, daß sie dort auf den passenden Wurzelpilz treffen. Um diese Wahrscheinlichkeit zu erhöhen, streut sie Unmengen ihres staubförmigen leichten Samens aus, der schon vom leisesten Windhauch, ja von der aufsteigenden Moderluft, vertragen wird. Hat nun einer der vielen Samen tatsächlich den geeigneten Pilz gefunden, und gelingt es ihm, mit dessen Hilfe zu keimen, so vergehen immer noch Jahre, bis aus dem mikroskopisch kleinen Keimling eine blühende Pflanze wird. Das sollten wir bedenken, bevor wir die duftende Waldhyazinthe abpflücken! Zum Glück ist diese Gefahr für die schöne Blume nicht sehr groß. Im Juni ist es in der Au meist schon recht stickig und schwül, und die dicht verwachsenen Waldränder lassen die Ausflügler besser als alle Verbote auf den Schneisen und Alleen bleiben.

MITTSOMMERNACHT

In der Dämmerung steigen mit feinem, hohem Singen Schwärme von Mücken aus Schilf und Gräsern und senken sich in einer blutdürstigen Wolke auf uns. Wer jetzt nicht die Flucht ergreift, der wird durch ein einmaliges Erlebnis belohnt — den Zauber der Mittsommernacht. Verschwimmend in Grau erscheinen nun alle, eben noch so leuchtenden Farben, Dunst steigt aus dem Wasser auf und zieht in dünnen, bodennahen Streifen über die Auwiese, auf der die ersten Rehe ausziehen. Verstummt ist der Gesang der Drossel, verklungen das Silberlied des Rotkehlchens, aber still ist es deshalb keineswegs. Irgendwo in der Au beginnen die Frösche zu quaken, fern und melodisch, Enten streichen unsichtbar über die Baumkronen, fallen mit leisem Plantschen auf dem Wasser ein, im Schilfwald flötet noch ein Rohrsänger. Mit schweren Flügelschlägen fliegt ein verspäteter Graureiher zu seinem Horst, löst sich im Nebel über dem Strom scheinbar in Nichts auf. Ein leiser Wind flüstert in den Weiden und bringt den Geruch nach Minze und Brennessel, nach moderndem Holz und schlammigem Wasser mit sich.

Auf einmal glüht in der Dunkelheit ein grüngoldener Funke auf, erst einer, dann mehrere: zehn, hundert, vielleicht tausend Silberfunken sprühen über dem Gesträuch, zucken zwischen den Stämmen hervor, leuchten auf und verlöschen. Die Glühwürmchen feiern mit funkelndem Zauberreigen ihr Sommernachtsfest! Still und beständig leuchten dabei die flugunfähigen Weibchen im feuchten Gras, warten auf den Freier, der, kleiner und schwächer leuchtend, unstet umherschwärmt und bei Gefahr sein Laternchen blitzschnell verlöschen läßt.

Zeit und Raum könnte man vergessen angesichts dieser unwirklichen Hochzeit, da setzt mit weichen, schmelzenden Tönen eine Nachtigall ein. Strophe um Strophe singt sie ihr Lied, anschwellend und fallend, voll beseligendem Jubel. Eine zweite antwortet und weit hinten in der Au beginnt eine dritte zu flöten und zu schluchzen. Warum nur greift uns gerade ihr Lied so sehr ans Herz, tröstet und beglückt uns zugleich? Es ist wohl die Nacht, die ihrem Gesang die eindringliche Innigkeit verleiht, die auch unser Gemüt offen und empfänglich macht, wie Christoph von Grimmelshausen schon vor 300 Jahren schrieb:

„Komm, Trost der Nacht, o Nachtigall,
Laß deine Stimm' mit Freudenschall
Aufs Lieblichste erklingen;
Komm, komm und lob den Schöpfer dein,
Weil alle Vögel schlafen sein
Und nicht mehr mögen singen."

REHE . . .

Die Jahresuhr hat sich um ein Stückchen weitergedreht und die Au wird Schauplatz der nächsten Hochzeit. Wenn der Juli sich besonders heiß und schwül anläßt, stehen am frühen Morgen auf einmal merkwürdige, niedergetretene Kreise rund um einzelstehende Bäume oder Buschgruppen im taunassen Gras. Der Bauer nennt sie Hexenringe, aber nicht die Hexen führten hier ihre nächtlichen Tänze auf, sondern der rote Bock trieb seine auserwählte Geiß solange im Kreis, bis sie seinem stürmischen Liebeswerben nachgab. Ist die Brunft weiter fortgeschritten, geht die wilde Jagd sogar bei Tage weiter. Doch obwohl man die Rehe immer zu zweit zusammen sieht, wäre es falsch, sie für fest verheiratete Paare zu halten. Nur ein paar Tage höchstens bleiben sie beisammen, dann wendet sich der Bock seiner nächsten Liebsten zu. Anders als bei der lauten Hirschbrunft, während der die Auenwälder vom Röhren der Hirsche widerhallen, geht es bei der Rehbrunft eher still zu. Nur die liebesbereite Geiß lockt mit fiependen Tönen den Bock, er selbst bleibt stumm. Kommt eine unerfahrene Schmalgeiß zu sehr in Bedrängnis, stößt sie ein lautes „Piiiäääh" aus, das sogenannte Angstgeschrei, das ihr aber keine Hilfe, sondern höchstens noch mehr Freier einbringt. Zwischen den rivalisierenden Böcken werden heftige Kämpfe ausgetragen, die, häufiger als beim Rotwild, auch tödlich enden können. Der Rehbock ist ja überhaupt, ganz im Gegensatz zu seinem reizvollen Aussehen, eher ein unsympathischer Bursche, der keine Tötungshemmung gegenüber Artgenossen kennt und im engen Gehege sogar Geißen und Kitze zusammenforkelt.

Für die Rehkitze ist die Rehbrunft eine gefahrvolle Zeit. Von der Mutter allein gelassen, strolchen die halbwüchsigen Geschöpfe im wolligen Kinderkleid — das gefleckte Babykleid haben sie meist schon abgelegt — durch die Au, und es ist ein Glück, daß die Hochzeit der Mutter nur ein paar Tage dauert und sie wohl auch zwischendurch einmal nach dem Rechten sieht. Dem Jäger mag der rote Bock in der Brunft das Herz höher schlagen lassen, mir haben es um diese Zeit immer viel mehr die Rehkitze angetan. Sie sind so unglaublich dumm und unerfahren, lassen mich ganz nahe herankommen oder hüpfen mir noch entgegen. Mit großen, neugierigen Kinderaugen schauen sie um sich, angestrengt arbeitet das feuchte, lackschwarze Näschen, und wenn sie dann endlich durch das Gebüsch davonschlüpfen, gleicht es eher einer Aufforderung zum Fangenspiel, als einer Flucht. Füchsen gegenüber haben sie zum Glück ein angeborenes Feindschema, das sie ihm gegenüber mißtrauischer sein läßt.

Solange die Rehkitze ganz klein sind, versteckt sie die Mutter so gut, daß nur der Zufall sie entdecken mag. So stapfte ich einmal durch das hohe Gras einer Juniwiese den Waldrand entlang. Da liegt vor mir zwischen blühenden Gräsern ein seltsam gesprenkelter Maulwurfshügel. Du lieber Gott, ein neugeborenes Rehkitz! Kaum ein paar Stunden mag es alt sein, denn das weißgetupfte Fellchen ist noch strähnig feucht. Zusammengerollt liegt es wie ein Kätzchen, das runde Köpfchen auf dem winzigen Hinterteil — und schläft. So viel rührende Hilflosigkeit auf einmal — in wessen Brust würde sich nicht der uralte Brutpflegetrieb regen, das Kleine aufzunehmen, zu streicheln, zu pflegen? Nachgeben dürfen wir ihm aber in diesem Fall nicht, denn nicht an uns richtet sich der Appell des Rehjungen. Unser menschliches „Kindchenschema" ist nur so ähnlich, daß auch wir darauf ansprechen. Deshalb: ein letzter Blick, kehrt gemacht und nichts wie weg, die Rehmutter ist sicher nicht weit. Mit gutem Grund läßt die Rieke ihr Kitz in den ersten Tagen allein. Es kann ja noch kaum laufen und könnte ihr daher bei Gefahr auch nicht folgen. Allein und im hohen Gras abgelegt, ist es viel sicherer: Hat es doch wie alle neugeborenen Säugetiere keinen Eigengeruch, der stöbernde Füchse oder streunende Hunde anlocken könnte. In den Stillpausen verschläft es die Zeit, bis die wackeligen Beinchen kräftig genug sind, um hinter der Mutter dreinzustolpern.

Rehmütter können ihre Jungen aber auch recht erfolgreich verteidigen. Von einem Hochstand aus sah ich einmal einigen Rehen zu, die nebst einem Hasen auf einer kleinen Waldwiese ästen. Es war ein friedliches Bild, doch da erschien ein Fuchs, die Angelegenheit wurde spannend. Jedoch nichts geschah, weder Hase noch Rehe nahmen sonderlich Notiz von dem roten Schleicher. Eigentlich sonderbar, wenigstens der Hase hätte doch die Flucht ergreifen sollen. Es kam aber ganz anders und unerwartet. Als der Fuchs den Waldrand entlang schnüffelte, stampfte plötzlich das eine Reh zornig auf und zog ihm geradewegs entgegen. Knapp vor ihm hob es sich auf die Hinterläufe und ließ mit den Vorderläufen blitzschnelle Hiebe auf den überraschten Fuchs hageln. Dieser duckte sich zuerst wie zum Sprung, dann aber schlich er mit eingezogener Lunte davon. Was hatte sich da abgespielt? Es war Ende Mai und die zornige Rehgeiß hatte sicherlich am Waldrand ihr Kitz versteckt, vor dem sich der Fuchs verdächtig herumtrieb. Sie fühlte es bedroht und ging zum Angriff über.

... UND EINE STACHELIGE BEGEGNUNG

Im Sommer ist der frühe Morgen in der Au noch am erträglichsten. Ihre millionenfachen Plagegeister, die „Gelsen", sind dann von der Nacht-

kühle klamm und starr und wenig angriffslustig. Deshalb war ich im Juli und August immer schon vor Tau und Tag unterwegs. So kam ich einmal in zeitiger Frühe zur alten Fischerhütte am Rande eines Donauarmes. Allem Anschein nach waren am Abend zuvor die Fischer dagewesen, ein verglimmendes Holzfeuer und zum Trocknen ausgehängte Netze zeugten davon. Seltsam nur, daß sich eines der Netze dort, wo es das Gras streifte, unausgesetzt bewegte. Das war doch nicht möglich, daß ein vergessener Fisch noch lebend darin zappelte! Nun hörte ich auch fauchende Töne, die ganz bestimmt nicht von Fischen herrührten, und dann sah ich auch schon die Bescherung: auf ihrer nächtlichen Wanderung war eine Igelfamilie ins Netz gegangen. Igelmutter samt Igelkindern hatten sich darin verfangen und durch ihr verzweifeltes Strampeln immer mehr in das feinmaschige Gewebe verwickelt. Die Rettungsaktion war gar nicht so einfach, besonders die Alte sträubte die Stacheln, rollte sich ein und erschwerte dadurch die Hilfe. Ohne Taschenmesser, mit dem ich schließlich ein paar Maschen durchtrennte, wäre ich wohl nicht zu Rande gekommen, aber dann waren die fünf Stachelkugeln doch befreit, aber das Netz hatte mehrere Löcher!
Wer noch keine jungen Igel gesehen hat, ahnt nicht, wie unglaublich putzig sie sind, mit den noch weichen, hellen Stacheln, den spitzen, schwarzen Schnäuzchen und den winzigen, blinzelnden Äuglein. Unvermutet gab auch die Igelmutter ihre Abwehrstellung auf, rollte sich auseinander und setzte sich in Trab. Die Kleinen folgten von selbst, raschelnd verschwanden sie im Laub und Gebüsch des nahen Waldrandes.

KRAUT UND UNKRAUT DES HOHEN SOMMERS

So freundlich und einladend sich die Au im Frühling gibt, so abweisend, ja unerträglich gebärdet sie sich im Hochsommer. War die unbewegte Luft im März noch eine Wohltat gegenüber dem scharfen Wind auf den Feldern, so legt sich die schwüle Feuchtigkeit jetzt schwer und beängstigend auf die Brust, preßt den Schweiß aus allen Poren. Dazu kommen die millionenfachen Plagen des Sommers, die uns in hohen, sirrenden Tönen umschwärmen, in Nase und Ohren kriechen, nur auf ein Stückchen nackte Haut lauernd, um uns das Blut abzuzapfen. Damit zwingen sie uns zu hochgeschlossenen, dichten Kleidern und womöglich Mückenschleiern, und das alles bei dreißig Grad im Schatten und mindestens 90 Prozent Luftfeuchtigkeit.
Ich kenne die Mangrovedschungel der Tropen. Sie sind kaum unerträglicher als die Donauauen an einem gewitterschwülen Augusttag! Den Pflanzen allerdings ist das Treibhausklima gerade recht. In unerhörte

Üppigkeit schießen sie ins Kraut, wachsen und wuchern im Auwald zu abenteuerlichen Riesenformen.
Die Waldränder sind jetzt wie von grünen Wällen umgeben, die keinen Blick ins Innere erlauben und das Eindringen erschweren. Mühsam kämpft man sich durch Dornsträucher und das Gefilz der rankenden Lianen, plagt sich durch Fallstricke und Fußangeln der kratzenden Brombeeren. In den Weidenauen sind die Brennesseln übermannshoch ins Kraut geschossen. Zusammen mit dem schilfähnlichen Rohrglanzgras bilden sie einen Wald im Wald, der jede Sicht und Orientierung raubt und schwierig zu durchqueren ist. Unangenehm sind auch die vielen kleinen Gehäuseschnecken, die man von Sträuchern und Stauden bei jedem Schritt abstreift und die zwischen Hals und Kragen und vor allem in die Gummistiefel fallen. Es nützt wenig, die Stiefel auszuziehen und die Schnecken herauszuleeren, nach kurzer Zeit knirscht und quatscht es schon wieder und wir müssen uns wohl oder übel damit abfinden, mit einem Schneckenbrei im Schuh zu marschieren.
Über all dem Ungemach haben wir kaum einen Blick für die hübschen, gelben Sterne des Fuchskreuzkrautes, das in meterhohen Dickichten wuchert. Geradezu gigantisch wird auch die Waldengelwurz, die gleichfalls übermannshohe und unterarmdicke Stengel treibt, an deren Enden die großen, weißen Blütendolden stehen.
Doch jetzt hat uns die Hitze die Sinne getrübt oder ist das wirklich der Blaue Eisenhut, der in meterhohen Blütenrispen Waldränder und Schläge schmückt? Vielleicht hat ihn einmal ein Hochwasser aus dem Gebirge herabgeschwemmt — inzwischen ist er aber in der Erlenau durchaus heimisch geworden und weiß sich da zu behaupten. Vollendet sind seine dunkelblauen Blüten dem Körper der bestäubenden Hummeln angepaßt, ein Wachsausguß der Blüte stellt unverkennbar das Körpermodell einer Hummel dar. Blume und Insekt sind so sehr aufeinander abgestimmt und spezialisiert, daß sich auch ihre Verbreitungsgebiete genau decken.
Allmählich haben wir wieder Augen für das Blühen, das der Sommer hervorbringt: Wohlriechende, rosa Blütenstände hat der echte Baldrian, der gleich den meisten Sommerblühern die lichten Waldränder bevorzugt. Seine nervenberuhigende Heilkraft liegt im Wurzelstock, den man nach dem Verblühen, zu Anfang des Herbstes, graben soll. Katzenkraut heißt dieses altbewährte Heilkraut noch, weil sein intensiver Geruch auf Katzen eine ungemeine Anziehungskraft ausübt: Geradezu wollüstig wälzen sie sich in ein paar Baldriantropfen! Ebenfalls rosa blüht der mannshohe Wasserdost, auch Kunigundenkraut genannt, der Feuchtstellen und Grabenränder liebt. Als Heilkraut ist er nach der heiligen Kunigunde benannt, an deren Grab viele Kranke Heilung gefunden haben sollen.
Gleichfalls in feuchten Gräben wächst die rauhhaarige Beinwurz, deren

purpurne Blüten mitunter von Weiß über Rosa bis zum dunkelsten Violett variieren können. Früher war sie ein vielbegehrtes Heilkraut, dessen Wurzelstock, zerdrückt, auf Knochenbrüche, Knochenfraß und Krampfadergeschwüre gelegt wurde. Noch in meiner Kindheit verwendeten sie die „Beinbruchheiler" bei Mensch und Vieh. Die chemische Heilmittelindustrie hat auch sie, wie so viele andere, verdrängt.

In der Eschenau ist der Waldrand stellenweise gesäumt von den sattroten Blüten der Waldnelke, dazwischen wachsen Gruppen des gelbblühenden Klebrigen Salbeis, dessen Kelche so weit von den Blüten abstehen, daß dadurch immer wieder Hummeln verführt werden, den Nektar direkt aus dem Kelch zu holen. Sie sparen sich damit den komplizierten Umweg über die lange Blumenkronröhre, betrügen aber die Pflanze um die Bestäubung! Zarte rote Blüten und drüsig behaarte Fiederblätter hat der Stinkende Storchschnabel, in dessen Blüte und noch mehr in dessen Frucht man bei einiger Phantasie den Storchenkopf mit langem Schnabel und vorgestrecktem Hals erkennen kann. Dabei riecht das kleine Kraut täuschend ähnlich nach Fuchs.

Immer noch bringt die Au Blüten und Farben in Hülle und Fülle hervor, aber die Anmut und der Duft des Frühlings sind dahin, Sommerblumen sind derber und größer, riechen streng und scharf. Eine Ausnahme bilden die Springkräuter, denen wir auf feuchtem, lockerem Boden oft massenhaft begegnen. Kleinblütig und unscheinbar ist dabei die aus Sibirien eingeschleppte Art, großblütig und auffallend das heimische „Rührmich-nicht-an". Gleich goldenen Füllhörnern mit langem gekrümmtem Sporn hängen die ansehnlichen Blüten an zarten Stielen. Wasserreich und durchscheinend wie die „Fleißige Liesl" unserer Blumenfenster ist die Pflanze. Lustige Früchte sind der ganzen Gattung zu eigen: Sobald sie reif sind, rollen sich die schotenähnlichen Kapseln bei der leisesten Berührung blitzschnell zusammen und schleudern dabei die schwarzen Samenkörner weit weg. Beide Springkräuter sind übrigens beliebte Äsung für die Rehe.

Noch ein weiteres Springkraut ist im Auwald verwildert, die aus dem Himalaja stammende, purpurne Balsamine. Auch Nichtbotanikern fällt das exotische Aussehen dieses fast zwei Meter hohen Krautes mit den abenteuerlich geformten Riesenblüten und Früchten auf. Vor zwanzig Jahren war dieser attraktive Gartenflüchtling in der Au noch ausgesprochen selten, heute ist er schon recht häufig auf feuchten Uferböschungen und in stromnahen Weidenauen zu finden.

Nach der stickigen Schwüle im Inneren der Au verweilen wir gerne am luftigeren, vergleichsweise kühlen Stromufer. Allerhand blühendes Kraut und Unkraut können wir hier entdecken. Auf dem trockenen Schotter haben sich die hohen, leuchtendgelben Königskerzen angesiedelt, mit ih-

ren riesengroßen Blütenähren ragen sie steil in den Sommerhimmel. Daneben, gleichfalls auf dem Trockenen, trägt der scharfriechende Rainfarn seine goldenen Schirme. Farnähnlich sind allerdings nur die fiederspaltigen Blätter. Mit seinen gelben Korbblüten reiht er sich in die Gattung der Chrysanthemen ein. Blaßrosa und süß duftend blüht das Seifenkraut, ein stark saponinhältiges Nelkengewächs, mit dem wir uns als Kinder gerne die Hände wuschen. Wo die Uferböschung feuchter und schlammiger ist, hat sich eine Reihe von Nordamerikanern zusammengefunden: Zahlreiche kleinblütige, weiße und blaue Astern stehen neben steifen, hohen Goldruten. Erst gegen Abend rollen sich die großen, radförmigen Blüten der gelben Nachtkerze auf, blühen eine Nacht lang und sind am Morgen schon wieder verwelkt.
Weshalb wohl gerade das Flußufer soviel Ausländer beherbergt? Hier wird von den strömenden Fluten immerzu Neuland geschaffen, Neuland, das relativ konkurrenzfrei ist und eine Einbürgerung erleichtert. Auf offenem Boden ist es ja immer einfacher Fuß zu fassen, als in der geschlossenen Gesellschaft etwa einer Wiese, wo jeder Fußbreit Boden längst aufgeteilt und ausgenützt ist. Zudem bringt der Fluß gleich auch die Samen der Einwanderer heran, die meist wohl mit Gartenabfällen in sein Wasser gelangt waren.
Tauchen wir noch einmal unter in der Brennesselwildnis der Weidenau und besehen uns eine hübsche, rankende Pflanze mit herzförmigen Blättern und violetten Blüten, aus deren Mitte leuchtend gelbe Staubblätter hervorstechen. Neben den zierlichen Blüten sind schon kleine, grüne und rote, eiförmige Früchte entwickelt. Woran erinnert uns bloß diese Pflanze? Natürlich an die Kartoffel! Und damit sind wir auch schon der Familie der Nachtschattengewächse auf der Spur, von denen es sich hier um den Bittersüßen Nachtschatten handelt. Kaut man nämlich die Pflanze, so schmeckt sie zuerst süß, durch Fermentwirkung des Speichels später bitter. Sie ist ein berühmtes Heilkraut gegen Asthma, Keuchhusten und Hautleiden, wie alle aus dieser Familie, zu denen auch die Tollkirsche und Einbeere gehört, aber stark giftig. Es empfiehlt sich deshalb nicht, damit auf eigene Faust zu experimentieren. Der Name „Nachtschatten“ hat übrigens gar nichts mit Schatten zu tun, sondern hieß ursprünglich „Nachtschaden“. Ein naher Verwandter, der Schwarze Nachtschatten, wurde nämlich früher in der Volksheilkunst gegen nächtliches Alpdrücken und Schlafwandeln verwendet.

LANDSCHAFT IM NEBEL

Früher als anderswo schleicht sich der Herbst in den Auwald ein. Nach einem trockenen Sommer färbt er die Blätter der Kanadapappeln schon Ende August leuchtend gelb und der herbe Duft ihres welkenden Laubes erinnert eindringlich an das absteigende Jahr. Unmerklich zunächst lichtet sich das Blätterdickicht des Unterholzes. Bald liegen dann schon Tag für Tag dicke Nebelschwaden über der Stromniederung, quellen in die Seitentäler und widerstehen der Sonne von Mal zu Mal ein bißchen länger.

Schon Anfang September beginnen in der Au die Hirsche zu röhren und ihr uriger Schrei durchdröhnt die Nächte und frühen Morgenstunden. Die schütter bewachsenen Trockenwiesen, die kleinen Lichtungen zwischen den Dornbüschen, sind ihre bevorzugten Kampf- und Brunftplätze. Kommt man bei Tag vorüber, steigt der beißende Geruch selbst in die wenig differenzierte Menschennase. Erbitterte Kämpfe werden hier ausgetragen, bei denen es gelegentlich sogar Tote gibt. Meist gelingt es dem Unterlegenen aber doch zu fliehen, verstört und verschreckt, wie er ist, kann es sein, daß er auf jede Vorsicht vergißt und bei hellem Tag über den Strom schwimmt, um aus der Reichweite seines Verfolgers zu gelangen. Der Stärkere behauptet den Platz und ihm allein gehört die Gunst des Rudels weiblicher Tiere, die unbeteiligt dem Kampf zugesehen haben. Eifersüchtig umkreist er sie, gönnt sich keine Rast und Ruhe und erst gegen Ende der Brunft, wenn er gänzlich erschöpft und übermüdet ist, gelingt es vielleicht einem der jüngeren Beihirsche, die das Rudel in Respektabstand begleiten, ein Tier zu erobern.

In der urtümlichen Landschaft des Auenwaldes ist das Erlebnis der Hirschbrunft ganz besonders eindrucksvoll. Dabei braucht man das Wild gar nicht einmal zu sehen, schon die orgelnden Schreie, die einander antwortenden, herrischen, zornigen und herausfordernden Rufe zu hören, ist eigentümlich erregend. Beinahe entsteht der Eindruck, als wäre die Begattung der weiblichen Tiere nur Nebensache, Hauptsache jedoch das Kräftemessen und Kämpfen der Hirsche. Um das Weibchen kämpfen wohl auch Hase und Fuchs, Rehbock und Keiler, aber nur, wenn Nebenbuhler den Besitz streitig machen. Der Hirsch aber sucht den Kampf und ruft mit dröhnender Stimme den Gegner aus weiter Ferne herbei, denn diesem in erster Linie und nicht den weiblichen Tieren gilt sein Röhren. Auch das mächtige Geweih, das Jahr für Jahr sehr viel Kraft und Substanz aus dem Körper nimmt, ist hauptsächlich für den Kampf mit Artgenossen bestimmt, gegen Wölfe wehrte er sich einst durch das Schlagen mit seinen stahlharten Hufen, in der Jägersprache auch Schalen genannt. Für seine imponierende Krone muß der König des Waldes viel Un-

Hochwasserstand im Vorfrühling
Fruchtende Ulme — Zauberkraut Salomonssiegel

bequemlichkeit in Kauf nehmen, denn im täglichen Leben, beim Durchbrechen von Dickichten etwa, ist sie eher hinderlich und lästig.

Brunftzeit ist auch die hohe Zeit der Jagd und es empfiehlt sich, den Grünröcken dabei aus dem Weg zu gehen. Es soll vorkommen, daß sie sich ohnedies gegenseitig in die Quere kommen. So erzählte mir ein befreundeter Jäger folgende Geschichte: Er hatte am Rande einer Lichtung mit Hilfe eines Trichters den Brunftschrei des Hirsches nachgeahmt und erfreut festgestellt, daß ihm aus dem Nachbarrevier ein anderer antwortete. Laut stampfend und mit einem Stock um sich schlagend, ging er ihm entgegen, dazwischen immer wieder röhrend. Der Hirsch auf der anderen Seite tat dasselbe. Keiner aber zog auf die Lichtung aus, dafür gebärdeten sich beide immer wilder, schleuderten sich immer drohendere Kampfrufe entgegen. Endlich merkte unser Freund, daß kein brünstiger Hirsch, sondern ein Weidgenosse ihm gegenüberstand, verärgert röhrte er das Götzzitat durch den Trichter und zog ab.

Nach wenigen Wochen ist auch die laute Hochzeit des Rotwildes vorbei und Stille kehrt wieder ein im Auwald. Der erste Reif des Jahres, sehnsüchtig erwartet, macht der Gelsenplage ein Ende. Dicker Tau, wie mit Kannen ausgegossen, liegt jetzt bis Mittag auf Wiesen, Röhricht und Krautwildnis. Unvermutet stehen eines Tages zahllose blaßlila Blütenkelche in den feuchten Senken der Erlenauen, auf Schneisen und Wiesen. Nackt und bloß, nur auf ihren wächsern weißen Blütenstielen, brechen die schönen Lilienblüten aus dem Boden. Und unverdrossen kommen immer neue Blütenkelche nach, bis in den späten November hinein, wenn schon Tag für Tag dicke Nebelschwaden über der Au lasten und kaum einmal für kurze Zeit die Sonne durchbricht.

Die Herbstzeitlose, die letzte und seltsamste Blume des Jahres, beginnt erst zu blühen, wenn alle anderen Blumen längst ihre Samen ausgestreut haben. Für Blätter und Blüten reicht die Zeit allerdings nicht mehr in diesem Herbst, die holt sie im nächsten Frühjahr nach. Möglich, daß dieses absonderliche Gewächs in einer erdgeschichtlich wärmeren Epoche aus dem Mediterrangebiet zu uns verschlagen wurde. Aus diesen südlichen Gefilden, in denen es keinen Winter gibt, hat sie wohl auch ihren eigenen Lebensrhythmus mitgebracht, den sie bis heute nicht unserem Klima anpassen konnte. Trotzdem vermag sie sich recht gut zu behaupten und breitet sich auf feuchten Wiesen kräftig aus. Freuen wir uns an dieser späten Blume des scheidenden Jahres, an ihren zarten, zerbrechlichen Blüten, die wirklich nur zum Ansehen geschaffen sind. Pflücken sollte man sie besser nicht, ist sie doch die giftigste Pflanze unserer heimischen Flora! Selbst geringe Mengen des gefährlichen Giftes führen schon zu Krämpfen, Lähmungen und Tod. Sogar ihr lateinischer Name „Colchicum“ bezieht sich auf ihren Giftgehalt, war doch die Landschaft

Kletternde Laubfrösche — Wasserfrosch mit Schallblasen
Blühender Aronstab — Fruchtender Aronstab

Colchis die Heimat der Erzgiftmischerin Medea. Die Griechen nannten die Herbstzeitlosen übrigens Ephemoren, die in einem Tag Tötenden. Die moderne Pharmakologie hat sich des tödlichen Giftes zu Heilzwecken bemächtigt und verwendet es mit aller Vorsicht zur Linderung akuter Gichtanfälle, ja, sogar gegen Krebs wird es versucht. —
Wenig spektakulär ist die Herbstfärbung des Auenwaldes. Zarte Pastellfarben, vornehme Silber- und Grautöne überwiegen, nur Traubenkirschen und Hartriegel fallen mit ihrem gedämpften Weinrot etwas aus der Reihe. Die gelben Blätter der Schwarz- und Kanadapappeln bedecken bereits in einer dicken Schicht den Boden, nur einzelne schaukeln noch auf langen Stielen, bis der nächste Windstoß auch sie mit sich nimmt. Wie weißblühende Bäume sehen jetzt die Silberpappeln aus, wenn der Herbstwind ihre weißfilzigen Blattunterseiten nach oben dreht. Auch die silbrige Behaarung an den Blättern der Baumweiden tritt stärker hervor, während Eschen und Erlen einfach schwärzlich graugrün vertrocknen.

WILDFRÜCHTE

In herbstlich bunten Farben prangen nur die Früchte vieler Sträucher: Korallrot leuchten die Beerenbüschel des Gemeinen Schneeballs, tintenschwarz glänzen die dicken Traubenbündel des Ligusters, mit dem sanften Rot seiner mehligen Beeren lockt der Weißdorn, aus denen ein wirksames Herzmittel gewonnen wird. Hellrot schimmern die länglichen, sauer schmeckenden Früchte der stacheligen Berberitze, die eine pikante Marmelade ergeben. Schwer neigen sich die schwarzen, reifen Beerenschirme des Holunders, von Vögeln belagert. Aber auch wir sollten an den gesunden und aromatischen Wildfrüchten nicht vorbeigehen. Zu Röster, Saft oder Schnaps verarbeitet, schmeckt der „Holler" köstlich, zudem steckt eine beachtliche Heilkraft in den schwarzen Beeren, die gegen Darmkoliken, Nervenentzündungen und Bronchitis helfen, allerdings immer nur im gekochten Zustand. Weil der Hollerbaum schon fast eine kleine Apotheke ersetzen kann, sind doch seine Blüten, Blätter, Rinde und Beeren heilkräftig, steht er auch von alters her in hohem Ansehen. Nicht eßbar, dafür aber besonders hübsch, sind die seltsam geformten Früchte des Spindelbaums. Jedes Kind kennt die roten Pfaffenkapperl, die auf dünnen Stielen dicht an dicht an den dünnen Zweigen schaukeln, beim Aufspringen noch vier orange Samenkörner freigebend. „Rotkehlchenbrot" lautet der hübsche Volksname dieser Beeren. Wer weiß heute noch, daß man in früheren Zeiten aus dem besonders harten Holz des „Spindel"-Baumes die Spindeln drechselte? Auch zu kostbaren Einlegearbeiten verwendete man sein elfenbeinfarbenes Holz.

Längst haben die Vögel die kleinen, bitteren Früchte der Traubenkirsche geholt. Scharlachrot ist unter den Dirndlsträuchern der Boden mit den abgefallenen, reifen Kornellkirschen bedeckt, die wir als Kinder gerne gegessen haben. Wie die meisten Wildfrüchte, sind auch die Kornellkirschen oder „Dirndl" von den süßeren, aber weit weniger aromatischen Kulturobstsorten verdrängt worden. Nur zu Schnaps werden mancherorts die Dirndl noch gebrannt, der allerdings auch ganz ausgezeichnet ist. Ein Löffel in den heißen Tee genügt und das ganze Haus duftet nach der Wildfrucht.
Auf trockenen Schotterrücken und Uferdämmen reifen die orangen Früchte des silbrig belaubten Sanddorns, die vitaminreichsten Früchte unserer Heimat. Das Pflücken der kleinen Beeren im dornigen, sparrigen Geäst ist jedoch mühsam und geht kaum ohne blutige Kratzer und zerrissene Kleider ab. Sanddornbeeren schmecken roh nicht gut; mit Zucker schonend eingekocht, ergibt der Saft ein ebenso erfrischendes wie gesundes Getränk, das man auch in Reformhäusern kaufen kann. Überall in der Au sind die dichten, undurchdringlichen Brombeerbüsche mit wohlschmeckenden Beeren behangen. Besonders am Stromufer und an sonnigen Waldrändern reifen sie zu köstlicher Süße heran und nicht nur die vielen Vögel delektieren sich an der Gottesgabe, sondern auch Igel, Dachs und sogar der Fuchs, wie aus den tintenblauen Losungen ersichtlich wird. Der Beerenreichtum des Herbstes macht sie alle vorübergehend zu Vegetariern.

ALTWEIBERSOMMER

Der Spätherbst bringt uns noch kristallklare, sonnige Tage mit ungewohnter Fernsicht. Dann stehen auf einmal die verschneiten Höhenrükken und Gipfel der Voralpenberge über der Stromniederung, Wahrzeichen einer gänzlich anderen Welt. Unten in der Au säumen die Schilfbestände, gelb wie reife Weizenfelder, Altarme und Tümpel, deren Wasser jetzt klar, blau und durchsichtig bis auf den Grund geworden ist. Solche Tage sind ein letztes Geschenk des scheidenden Sommers, selten und kostbar, die das Herz mit Unruhe und Wanderlust erfüllen. Schon am nächsten Tag kann der Nebel wieder mit lastender Schwere über dem Auwald liegen, alle Geräusche schluckend, alle Farben und Konturen auflösend.
Doch auch über diesen verhaltenen Herbstmorgen liegt ein eigenartiger Reiz. Man geht wie durch feuchte Watte, nur das leise Tropfen von den Blättern ist zu hören, Feuchtigkeit und Vergehen atmen aus allen Poren der Erde. Der Reif hat einen glitzernden Eisschleier über die Wiesen ge-

worfen, hat die armseligen, dürren Blütenstände der Gräser und Doldengewächse verzaubert, hat die fiederschnittigen Blätter der Disteln in ornamentale Kunstwerke verwandelt.
Gelingt es der Sonne gegen Mittag noch einmal durchzubrechen, gaukelt sie uns für ein paar Stunden den trügerischen Glanz und die längst vergangene Heiterkeit des Sommers vor. Dann leuchten das Purpur des Hartriegels, das Gelb der Pappeln noch einmal auf, dann glitzern und funkeln die bereiften Spinnweben zwischen den Halmen in allen Farben des Regenbogens, dann löst sich auch die lähmende Stille, die über der Au lag und das geschäftige Treiben der Meisen erfüllt den Wald. Aber schon bald läßt ein früher Abend uns frösteln, wieder steigen dichte Nebelschwaden auf und versenken die Landschaft am Strom in gespenstisches Schweigen.

SAGENUMWOBENE MISTEL

Eines Tages ist ein neuer Ton in der schon fast winterlich stillen Au. Mit lautem Schnarren fallen Scharen drosselgroßer Vögel ein, durchziehen unsteten Flugs die Bestände. Ihr Ziel sind die zahlreichen Mistelbuschen, die gleich Kolonien von Vogelhorsten im kahlen Geäst der Pappeln sitzen. Tiefgrün sind ihre gabeligen Zweige und ledrigen Blätter, zwischen denen die milchweißen bis elfenbeinfarbigen Beeren leuchten.
Während alle Laubbäume ringsum längst ihre Blätter verloren haben, kann die Mistel leicht auch im Winter grünen. Die Laubbäume würden nämlich mit ihren großen Blattflächen mehr Wasser verdunsten, als die Wurzeln aus dem gefrorenen Boden nachschaffen könnten; für die Mistel jedoch muß die junge Pappel, auf der sie sich so unverschämt breit gemacht hat, den Nachschub an Wasser besorgen. Tief in das Holz, bis in die wasserleitenden Gefäße des Wirtsbaumes senkt sie ihre keilförmigen Wurzeln und zapft sie ab. Immerhin ist sie nur ein Halbschmarotzer: die Umwandlung von Kohlendioxyd der Luft in Zucker und Stärke, die Assimilation, besorgen ihre immergrünen Blätter selbst. Deshalb schadet sie dem Wirtsbaum auch nicht allzusehr, wenn nicht zu viele ihn befallen. In seltenen Ausnahmefällen kann sogar ein schon absterbender Baum von einer assimilierenden Mistel noch eine Weile am Leben erhalten werden, weil sie den Saftstrom in Gang hält.
Die immergrüne Mistel kommt bei uns in drei Unterarten vor, von denen eine nur auf Föhren, die zweite auf Tannen, die dritte auf verschiedenen Laubgehölzen wächst. Eine selbständige Art ist dagegen die sommergrüne Eichenmistel, mit gelben Beeren, die im östlichen pannonischen Raum häufig Eichen befällt.

Im späten Herbst herrscht Hochbetrieb bei den Misteln. Die Misteldrosseln ernten ihre milchweißen Beeren und da Vögel ja eine schnelle Verdauung haben, gelangen die im Fruchtfleisch eingebetteten Samen gleich wieder auf die Zweige und Äste ihrer Wirtsbäume. Durch die Darmpassage wird die Leimschicht in den Beeren erst richtig wirksam, so daß die Samen auf ihrer Unterlage auch haltbar festgeklebt werden und keimen können. So sind Misteln und Drosseln voneinander abhängig und das ist durchaus nichts Ungewöhnliches in der Natur. Makaber allerdings mutet es uns an, daß früher aus den Mistelbeeren der Vogelleim für Leimspindeln gekocht wurde, auf denen sich wieder tausende von Vögeln, darunter viele Misteldrosseln fingen . . .
Das grüne Gewächs hoch oben im kahlen Geäst der winterlichen Bäume ist eine der ältesten Kultpflanzen. Kelten und Germanen verehrten in der immergrünen Pflanze ein Symbol des ewig grünenden Lebens. In der germanischen Mythologie läßt Freya alle Tiere und Pflanzen schwören, ihrem Lieblingssohn Balder kein Leid zu tun. Sie vergißt nur auf die Mistel, die zu hoch oben hängt. Deshalb schnitzt der tückische Loki aus einem Mistelzweig den Pfeil, mit dem der ahnungslose, blinde Hödur seinen Halbbruder Balder tötet. Die Rolle des tödlichen Werkzeuges und das Lebenssymbol stehen für unser Gefühl zueinander im Widerspruch, aber unseren Vorfahren waren Tod und Leben wohl näher beieinander.
Ein Rest des Mistelkultes hat sich bis heute in unserem Weihnachtsbrauchtum erhalten. Wir hängen die beerengeschmückten Misteln vor dem Christfest in unseren Wohnungen auf und in England darf gar unter dem Mistelzweig jeder Mann ungefragt jedes Mädchen küssen . . .
Bleibt zuletzt noch von der Heilkraft der Mistel zu berichten. Seit alters her verwendet man Misteltee bei gestörtem Kreislauf, weil er sowohl hohen als auch zu niederen Blutdruck normalisiert und bei Schwindel, Kopfschmerzen und Ohrensausen hilft. In jüngster Zeit haben die Russen in der Mistel sogar einen krebshemmenden Wirkstoff entdeckt.

WINTER AM STROM

Eines Morgens ist der Winter da. Ein scharfer Ostwind hat die wärmende Nebeldecke verblasen und in der kalten, sternhellen Nacht sind Kränze milchigen Eises an den Rändern der Altwässer und Tümpel gewachsen. Schon in der nächsten Nacht schließen sie sich ganz, während der Sturm Schneegestöber vor sich hertreibt und die Au in einem dichten, weißen Teppich versinken läßt.
Spätestens jetzt ist es für die daheimgebliebenen Wasservögel Zeit, den offenen Strom aufzusuchen. Stockenten und Taucher, Bläßhühner und

Eisvögel flüchten auf das lebendige, fließende Wasser, gesellen sich zu den nordischen Gästen, den Gänsesägern und Schellenten, den Reiher- und Tafelenten, den Eiderenten, Samtenten und Trauerenten und wie sie alle heißen. Wo flache, unbewachsene Schotterbänke aus dem Strom auftauchen, sind sie von einem breiten Ring grundelnder Enten umgeben, die sich an diesen günstigen Plätzen zusammendrängen. Dauernd steigen Schwärme von ihnen auf, fliegen ein Stück stromaufwärts, fallen dann wieder ein und lassen sich futtersuchend zu ihrer Ausgangsstelle abtreiben. Auf dem freien Wasser tummeln sich Zwergtaucher, verschwinden plötzlich mit einem Schwups, kommen endlos lange nicht wieder hoch. Erst wenn man glaubt, jetzt habe sie endgültig ein großer Hecht gefressen, sind sie auf einmal an einer ganz anderen Stelle quietschvergnügt wieder da. Streitsüchtige schwarze Bläßhühner mit weißem Stirnfleck fliegen auf, laufen erst eine lange Strecke flügelschlagend auf dem Wasser, bis es ihnen endlich gelingt, sich in die Luft zu erheben.

Vorherrschend aber sind alle Arten von Enten, allen voran die heimischen Stockenten, die Männchen mit grünschimmerndem Hals und Spiegel, die nordischen, schwarz-weißen Schellenten, die kleinen Krik- und Knäkenten, die bunten Löffelenten, die braunen Tafelenten und noch viele andere mehr. Die Luft ist erfüllt von ihren pfeifenden Schwingenschlägen, dazwischen klingeln wie mit kleinen Glöckchen die Flügelpaare der Schellenten. Wo durch Buhnen starke Strömungen und gurgelnde Strudel entstehen, tauchen die bunten Gänsesäger nach Fischen, beim Auffliegen ihre lachsrosa überhauchte Brust vorweisend. Krähen suchen im Geschwemmsel des sandigen Uferstreifens nach Eßbarem, kakeln und jagen sich gegenseitig die Beute wieder ab. Trotz Winter und Kälte überreiches Leben, wohin man sieht. Das friedliche Bild ändert sich in Sekundenschnelle, wenn schweren Flügelschlages der Seeadler erscheint. Leider nur mehr selten bekommt man diesen mächtigen Vogel zu sehen, dessen Flügelspannweite zweieinhalb Meter erreicht. Trotz strenger Schutzbestimmungen wird er immer noch abgeschossen, zu attraktiv ist die Trophäe im Jagdzimmer des Herrn Neureich. Den Rest vernichten die Insektizide.

Unvergeßlich deshalb das Erlebnis eines sonnigen Wintertages, als ich, aus der Au heraustretend, zwei dieser riesigen, graubraunen Vögel in aufrechter Haltung auf einer Schotterbank inmitten des Stromes sitzen sah. Rings um sie, auf der belebten ,,Entenbank", das gewohnte Bild zahlreicher Wasservögel, die sich durch die Anwesenheit des Herrschers anscheinend gar nicht stören ließen. Die Adler aber hatten mich schon eräugt und erhoben sich schwerfällig, flogen mit weiß aufblitzendem Stoß in einander entgegengesetzter Richtung stromauf und stromab da-

von. Unbeschreiblich die panische Flucht des gefiederten Wasservolkes, als es die beiden Adler in der Luft bemerkte! In einer schwarzen Wolke stoben die Krähen fort, mit lärmendem Getöse standen Schwärme von Enten auf und suchten mit pfeifenden Schwingenschlägen das Weite. Selbst die großen Schwäne wurden von der allgemeinen Angst angesteckt; rauschend, mit unwahrscheinlich langem Anlauf, einem Wasserflugzeug ähnlich, kamen sie endlich hoch. Mit durchdringendem Geschrei warnten die eleganten Möven. Enten, Möven, Taucher, wohin man sah; Kreischen, Quarren, Pfeifen, das Getöse war ohrenbetäubend.
Den beiden Seeadlern aber stand diesmal der Sinn gar nicht nach Jagd. Ohne sich um den Spektakel zu kümmern, dessen Ursache sie waren, zogen sie stromauf und stromab davon, während sich in gleicher Weise die Schreckensszenen verlagerten.
Anscheinend wissen die Wasservögel aus Erfahrung, daß der Seeadler aus der Luft auf schwimmende oder sitzende Beute stößt. Deshalb zeigten sie keine Scheu, solange die beiden Adler am Boden, mitten unter ihnen saßen, waren aber sofort alarmiert, sobald sie ihre ersten Flügelschläge wahrnahmen.
Nicht lange läßt sich der Nebel im Winter aus seinem angestammten Reich vertreiben. Geht dem Ostwind einmal der Atem aus, steigt er in dikken Schwaden wieder aus dem Strom, brandet über die Ufer und erfüllt die Niederung mit durchdringender Feuchtigkeit. Der Frost aber ist geblieben und läßt die Milliarden feinster Wassertröpfchen zu funkelnden Eiskristallen erstarren, die Bäume und Sträucher bis in die zartesten Verästelungen ihrer Zweige mit schimmernden Eisnadeln überziehen. Weil der Nebel so häufig ist in dieser stromnahen Landschaft, verzaubert der Rauhreif an vielen Wintertagen die Au, macht aus ihr einen Märchenwald ohnegleichen. Nur die Beeren des Schneeballs und die Früchte des Pfaffenhütchens leuchten rot aus dieser silberweißen Welt, kommt aber die Sonne durch, so sprühen die Milliarden Eiskristalle in allen Farben des Regenbogens auf. Die Sonne bereitet allerdings der ganzen Pracht zumeist ein schnelles Ende, doch unverdrossen bauen Frost und Nebel sie in der nächsten Nacht wieder auf.

EISRINNEN

Hält der strenge Frost länger als eine Woche an, so beginnt das Eisrinnen. Selbst wenn die Wassertemperatur weit unter Null liegt, läßt die starke Strömung die Donau nicht zufrieren. Allenfalls bilden sich Girlanden glitzernden Randeises, das sich in stillen Buchten flächig verbreitert. Im fließenden Wasser aber entstehen frei schwimmende Eiskristalle, die

die Strömung ineinander schiebt, bis sie zuletzt auftauchen, an der Luft hart werden und durch Zusammenstoßen mit Gleichartigen allmählich zu meterbreiten Eisschollen anwachsen. Aus dem schwimmenden Eisbrei entstehen dauernd neue, feste Schollen, bis schließlich fast die ganze Wasserfläche von dem sich schiebenden, treibenden, knirschenden und rauschenden Treibeis bedeckt ist. Anhaltender Frost friert die anfangs weichen, brüchigen Schollen zu glasharten, großen Eisschüsseln, mit aufgewölbten, blendend weißen Rändern. Der Volksmund nennt sie „Bayrische Krapfen".

Endlos ist ihr Heerzug, immer neue kommen nach und eine seltsame Faszination geht von ihnen aus, vielleicht weil sie die Kraft und Unendlichkeit des fließenden Wassers so deutlich zum Ausdruck bringen. Scheint die Sonne, so glitzern die weißen Schollen auf dem winterlich eisblauen Wasser; lastet aber Nebel, der nur wenige Meter den Blick frei läßt, so zieht das grauweiße Heer gespenstisch vorüber, während von weit draußen im Strom das Knirschen und Rauschen der aneinanderstoßenden Schollen zu hören ist. Zwischen dem Treibeis tummeln sich Wasservögel und lassen sich gelegentlich sogar von einer Scholle ein Stückchen mitnehmen. Auch die vorwitzigen Krähen benützen gerne die runden Eisschüsseln als Boot, von dem aus sie nach allerlei Genießbarem angeln, ja, sie steigen manchmal sogar im Fahren von einer Eisscholle auf die andere über.

Nur in Notfällen wagte sich früher, als es weithin weder Fähre noch Brükke gab, der Überführer mit seinem Ruderboot zwischen die ziehenden Schollen. Schnell nämlich kann es geschehen, daß das kleine Boot zwischen ihnen eingeklemmt wird, schnell wachsen dann die Schollen am Boot fest; schwer und schwerer werden die Ruder, weil bei jedem Eintauchen die glasige Eisschicht, die sie überzieht, dicker wird. Eis wächst schließlich auch unten am Bootsboden fest. So manövrierunfähig geworden, gibt es nur die Chance, irgendwo am Ufer oder an einer Schotterbank angetrieben zu werden, sofern das Boot nicht vorher von den Eisschollen zerquetscht wurde. Nach mehr als zwanzig Jahren packt mich noch immer das kalte Grausen bei der Erinnerung an eine derartige Überfahrt. Deutlich höre ich das Knirschen der antreibenden Schollen, verfolge den wachsenden Eisüberzug auf den bleischweren Rudern, sehe den alten, donauerfahrenen Überführer mit kräftigen Stößen durch das Gewirr des Treibeises steuern, zwischendurch blitzschnell die festgefrorenen Schollen vom Bootsrand wieder abschlagend. Unerreichbar weit schien damals das andere Ufer, unüberhörbar gurgelte bereits der Nöck unter unseren Füßen ...

EISSTOSS

Nur in Katastrophenwintern wächst sich das Eisrinnen zum Eisstoß aus. Seit der Donauregulierung um die Jahrhundertwende konnte zwar auf österreichischem Gebiet kein Eisstoß mehr entstehen, aber der Rückstau der Eisstöße, die meist von den flachen Sandbänken unterhalb von Preßburg ausgingen, reichte mehrmals donauaufwärts bis Wien, bis hinaus ins Tullnerfeld, ja sogar bis in die Wachau. Der letzte große Eisstoß dieser Art reichte im Jänner 1929 von Apatin in Ungarn bis Melk. Inzwischen wurde durch die Kraftwerkskette eine völlig neue Situation geschaffen, friert doch das stehende Wasser der Stauseen wesentlich eher zu, als der fließende Strom. Der zugefrorene Stauraum kann dann natürlich leicht zur Bildungsstätte eines Eisstoßes werden, wenn sich von dort aus die antreibenden Eisschollen rückwärtsstauen. Daß dies bisher noch nicht viel öfter der Fall war, verdanken wir nur den milden Wintern des letzten Jahrzehnts.

Der Winter 1963 allerdings bescherte uns das Paradebeispiel eines derartigen „Sekundäreisstoßes", der vom Stausee des Kraftwerks Ybbs-Persenbeug ausging und bei strengem Frost in kurzer Zeit bis gegen die Ennsmündung donauaufwärts wuchs. Wir — mein damals noch kleines Söhnchen und ich — waren dem Eisstoß trotz grimmiger Kälte ein paar Kilometer stromabwärts entgegengegangen und starrten nun fasziniert auf den unheimlichen, grauweißen Riesenwurm, der uns, das Strombett ganz ausfüllend, langsam entgegenwuchs. Am Kopf der Riesenschlange hatte die Fahrt der ziehenden, kreiselnden Eisschollen mit leisem Knirschen ein Ende. Sie fuhren auf ihn auf, wurden durch die Strömung zusammengepreßt, schoben sich übereinander und waren bald ein Teil des Eisstoßes, der pausenlos stromaufwärts weiterwuchs.

Unglaublich viele Wasservögel tummelten sich zwischen den treibenden Schollen. Weit und breit hatte der strenge Frost ja jeden Teich, jeden See, jeden Tümpel mit meterdicken Eisschichten bedeckt; nur hier noch war ein bißchen offenes Wasser, war Leben. Gefährliches Leben! Eine unvorsichtige Wildente wurde blitzschnell zwischen den Eisschollen eingeklemmt und unter den Eisstoß gezogen. Hilflos mußten wir zusehen, denn das Eis war erst ganz locker zusammengefügt, ein Betreten unmöglich.

Tage später — die Riesenschlange fraß bereits kilometerweit stromaufwärts ihre antreibenden Kinder — bot sich ein völlig gewandeltes Bild. Unter dem gewaltigen Druck hatten sich mannshohe Eisblöcke hochgetürmt, die in der Luft glasgrün und eisblau gefroren waren. Das bewegliche, flache Schollenkonglomerat war zu einer festen, abenteuerlichen Mondlandschaft erstarrt. Einmal im Leben zu Fuß über die Donau zu ge-

hen — die Versuchung war wirklich zu groß. Klopfenden Herzens suchten wir uns einen Weg zwischen den Eisblöcken, denn auf einmal war uns der vertraute Strom fremd und unheimlich. Kein Wasser rauschte, kein Geschiebe sang, nur ab und zu knackte das Eis und versetzte uns in Schrecken. Nicht auszudenken, wenn sich plötzlich eine Spalte öffnete. Doch nichts dergleichen geschah, sicher gelangten wir an das andere Ufer, das wir im Sommer so oft und gerne schwimmend erreicht hatten.
Wenig spektakulär gestaltete sich schließlich der gefürchtete Abgang des Eisstoßes. Warmer Föhn hatte den Riesen aus seiner Verankerung gelockert, sang- und klanglos schwamm er in wenigen Stunden stromabwärts, ohne Überschwemmung und ohne größeren Schaden anzurichten.
Bald werden wieder die Erlenkätzchen stäuben, die Schneeglöckchen blühen und die Schnepfen ziehen. Der Kreis schließt sich, ein Jahr ist durch die Aulandschaft gegangen.

Auenwälder — Oasen einer Urlandschaft

Seit Jahrtausenden hat der Mensch das Antlitz der Erde verändert. Mit Feuer und Beil drang er in die fast geschlossene Walddecke Mitteleuropas ein und schuf sich so seinen Lebensraum. Er sagte dem Wald den Kampf an und war dabei umso erfolgreicher, je flacher das Gelände, je milder das Klima war. Heute können wir uns nur mehr schwer vorstellen, daß der Name „Holland" von Holzland kommt, weil mächtige Buchenwälder bis an die Küste die Ebene bedeckten; daß die weiten, baumlosen Getreidesteppen im Osten unseres Landes, ja selbst die ungarische Pußta einmal von Laubwäldern eingenommen wurde. Überall mußten die einst zusammenhängenden Wälder den Feldern und Wiesen weichen; Siedlungen breiteten sich immer mehr aus, durch Straßen miteinander verbunden, Moore und Sümpfe wurden trockengelegt. Bis hoch hinauf ins Gebirge reichte schon der Einfluß des prähistorischen Menschen, wo Almen an die Stelle von Latschenwäldern traten und die Waldgrenze immer tiefer herabdrückten.

Später schürfte der Mensch in den Bergen nach Erz und Salz und verbrauchte dabei soviel Holz, daß es stellenweise Mangelware wurde und er schließlich gezwungen war, die riesigen Brandflächen und Kahlschläge wieder aufzuforsten, meist mit monotonen, gleichaltrigen Fichtenbeständen.

Inmitten dieser jahrtausendealten europäischen Kulturlandschaft, in der kaum ein Fußbreit Boden von dem gestaltenden, verändernden oder auch zerstörenden Einfluß des Menschen verschont blieb, liegen heute noch, gleich langgestreckten Oasen einer längst verschwundenen Urlandschaft, die flußbegleitenden Auenwälder. Sie allein blieben durch all die Jahrhunderte menschlicher Kolonisierung weitgehend unberührt: Rodungen beschränkten sich auf randnahe Teile, Siedlungen wichen ihnen aus, Bahn und Straßen schlugen bis heute lieber einen Bogen um sie und auch der Forstmann mußte bis in die jüngste Vergangenheit jene Bäume und Sträucher dort wachsen lassen, die schon immer den Fluß begleitet hatten.

Fast könnte man meinen, eine mächtige Schutzherrin hielte ihre Hand über den Auwald, räume ihm eine Ausnahmestellung innerhalb aller anderen Landschaften ein. Tatsächlich hat die Au in Gestalt der Überschwemmung eine mächtige, wenn auch gewalttätige Herrin, die sie bis zur Gegenwart herauf vor einschneidenden Eingriffen des Menschen bewahrte. Seit eh und je brechen über den Auwald immer wieder gewaltige Wasserfluten herein und verhindern auf unsanfte Art, daß hier etwas anderes Fuß fassen kann, als die wildwachsenden Gehölze. So oft die Sied-

ler es versucht hatten, Bäume und Sträucher rodeten und auf den ebenen, fruchtbaren Flächen saubere Äcker und saftige Wiesen anlegten — die nächste Überschwemmung kam bestimmt und vernichtete das Getreide knapp vor dem Schnitt, ließ die Kartoffeln in der Erde verfaulen und führte das schon geschöberte Heu mit sich. Zurück blieb Sand, Schlamm und Schotter. Mitunter konnte es auch geschehen, daß der Strom plötzlich seine Richtung änderte und daß nach dem Zurückgehen der Fluten ein völlig anderer Wasserlauf den Auwald durchzog, während Altarme, Tümpel und Sümpfe das ehemalige Bett ausfüllten.
Allmählich respektierten die Siedler die Grenzen, die ihnen der Strom setzte. Nur Einzelgehöfte, Forsthäuser und Fischerhütten wagten sich in den unsicheren Raum, deren Bewohner immer gewärtig sein mußten, Hals über Kopf zu flüchten. Für diesen Fall stand ein Boot bereit, das vorsorglich an einen Baum festgebunden war. Erst in den höher gelegenen Teilen, die nur alle paar Jahrzehnte von einem Katastrophenhochwasser heimgesucht wurden, machten sich Strom und Siedler fallweise das Gebiet streitig.
Auch die Förster gaben es bald auf, anstelle von Weiden und Erlen, Pappeln und Eschen etwa Fichten und Föhren zu pflanzen, wie sie es sonst überall zuwege brachten. Die Hochwässer machten den Fremdlingen schnell den Garaus, denn unter diesen extremen Bedingungen konnte sich nur behaupten, was sich in jahrtausendelanger Anpassung und Auslese bewährt hatte. Dafür fand in den äsungsreichen Dickichten viel Wild seinen Lebensraum und so kam es, daß in Feudalzeiten, der Rehe und Hasen, der Hirsche und Sauen wegen, der Auwald als Jagdrevier geschützt und geschont wurde, — mitunter auch Flächen, die schon für den Pflug geeignet gewesen wären.
So blieb der Auwald bis heute Reservat einer Urlandschaft, eine urwaldartige Wildnis im europäischen Raum, ein flußbegleitender Galeriewald ähnlich jenem in Afrikas Savannen. Der jüngsten Zeit erst blieb es vorbehalten, seinen Bestand ernstlich zu bedrohen oder ihn gar von der vielgestaltigen Palette unserer Landschaften auszulöschen.

ÜBERSCHWEMMUNGEN

Mit dem Auwald untrennbar verbunden sind demnach die Überschwemmungen, die meistens im Frühjahr und Sommer über die Landschaft am Strom hereinbrechen. Gibt es schon im Mai eine Reihe von heißen Tagen, die den Schnee im Gebirge rapide schmelzen lassen, so schwillt der Strom aus heiterem Himmel bedrohlich an und füllt sein Bett bis zum Rand mit trübem, eiskaltem Wasser. Einmal soweit, genügt schon ein

heftiger Regenguß, um ihn zum Überfließen zu bringen: innerhalb von Stunden tritt er über die Ufer, ergießt sich in die Ebene, überflutet Auwälder und Wiesen, Straßen und Felder.
Nicht minder häufig lösen sommerliche Regenperioden eine Überschwemmung aus. Im Spätherbst oder Winter dagegen zieht sich das Wasser oft auf die tiefste Stromsohle zurück, läßt Schotterbänke und Inseln heraustreten und gibt die unbewachsenen Ufer frei. Doch die Donau ist launisch und unberechenbar! Ein Blick auf die Hochwasserkurven über mehrere Jahrzehnte zeigt, daß kein Monat des Jahres gänzlich von der Überflutung verschont blieb. So verwandelte einmal ein Jännerhochwasser mit anschließendem strengen Frost die ganze überschwemmte Au mit ihren weiten Wiesen und schnurgeraden Alleen in eine riesige Spiegeleisbahn, auf der wir stundenlang auf Schlittschuhen dahinfahren konnten.
Überschwemmungen waren überhaupt die immer wiederkehrenden, aufregenden Ereignisse meiner Kindheit. Es begann mit dem spannungsgeladenen Abhören des Wasserstandsberichtes, währenddessen wir Kinder mucksmäuschenstill zu sein hatten. Dabei war der Inn als wasserreichster Zubringer der bedrohlichste Faktor. Deshalb fiel bei den Werten „Inn, Passau" auch immer die Entscheidung: entweder atmete mein Vater erleichtert auf: „Gott sei Dank, der Inn fällt bereits — für diesmal dürfte die Gefahr vorüber sein" oder er stand eilig vom Mittagstisch auf: „Der Inn steigt noch immer, bis morgen schwimmt bei uns alles".
Oft lag zu diesem Zeitpunkt viel gefälltes Holz in der Au, wertvolles Bloch- und Schleifholz, das der Strom auf Nimmerwiedersehen entführt hätte. Deshalb wurde bis zum letzten Moment fieberhaft gearbeitet, die Stämme mit Seilen und Ketten verankert, Schleifholz vertäut oder nach Möglichkeit auf höher gelegene Stellen verfrachtet, wohin die Überflutung voraussichtlich nicht reichen würde.
Einmal stieg das Wasser so rasch, daß eine Gruppe von Holzknechten davon eingeschlossen wurde und sich gerade noch auf Bäume retten konnte. Brennend gerne wäre ich damals bei der Rettungsaktion dabei gewesen, aber die war selbst für donauerfahrene Schiffer ein riskantes Unternehmen. Mein Wunsch mitzufahren, stieß auf keinerlei Gegenliebe. Dafür dachte ich mir später einen anderen, spannenden Sport aus: Wenn die Donau schon randvoll war, radelte ich noch ein letztes Mal auf der Uferstraße den Strom entlang. Weil aber die landeinwärts gelegenen Auenteile immer etwas tiefer liegen als die Ufer, dringt das Wasser über Gräben und Altarme von hinten her ein und überflutet schon die Au, während ein schmaler Uferstreifen noch frei bleibt. Links von mir die dahinschießenden, gurgelnden Fluten, rechts die im Wasser stehenden Bäume und Sträucher — es waren unwirkliche, erregende Augenblicke. Kam

dann womöglich mit gleichmäßigem Stampfen ein Dampfschiff herauf, so schlugen die Wellen knöchelhoch über die Straße — für mich endlich das Signal umzukehren und durch das aufspritzende Wasser nach Hause zu fahren.

Trat schließlich der Strom endgültig über seine Ufer und überflutete selbst den jenseits gelegenen Damm, so weckte mich in der Nacht oft das Getöse der stürzenden Wassermassen, das bis herauf in unser Dorf drang. Wie unheimlich klang das sonst so vertraute Rauschen der Donau, die Melodie dieser Landschaft, von der unsere Mundartdichterin Resl Mayr einmal schrieb:

„Da Doanagsång, da Doanagsång, des is a oagne Såch
des is ja unsa Wiagnliad — und unsa Muattasprå̊ch"

WAS DER STROM MIT SICH FÜHRT

Nun fließt der Strom mit seinen gewaltigen Wassermassen ja keineswegs allein, sondern schleppt noch allerhand mit sich, das ihm seine Zuflüsse bei ihrer Einmündung mitgeben. In der Tiefe seines Bettes rollt der Schotter und je stärker die Strömung ist, desto größer sind die Brocken, die sie mitnimmt. Zentnerschwere Granitblöcke, sogenannte Treibfelsen, selbst riesige Mammutbackenzähne wurden schon in den bis zu 10 Meter tiefen, ausgewaschenen Kolken der Stromsohle gefunden. Der Großteil des Gerölls aber, das von den alpinen Nebenflüssen stammt, ist bereits zu handlichem Schotter abgeschliffen, der unablässig mit feinem Singen in der Tiefe rollt. Nur an der Innenseite der Flußkrümmung, wo die Kraft der Strömung abnimmt, mag es sein, daß ihm einmal seine Last zuviel wird und er einen Haufen Schotter zurückläßt — den Beginn einer neuen Insel.

Überbordet der Strom bei Hochwasser seine Ufer, so verliert das dahinschießende Wasser in der plötzlichen Weite an Geschwindigkeit und läßt als erstes den groben Sand fallen. Auf diese Art entstehen entlang des Strombettes natürlich aufgeschüttete Sanddämme, sogenannte Uferwälle, die jedes Hochwasser erhöht, bis sie nur mehr selten oder gar nicht mehr überschwemmt werden. Eine eigene Pflanzengesellschaft, von den übrigen des Auwaldes deutlich unterschieden, stellt sich auf diesen besonderen Standorten ein. Weiter landeinwärts, wo die Strömung durch die Vielzahl der Hindernisse, die sich ihr entgegenstellen, noch schwächer wird, kämmen die Bäume und Sträucher der Weidenauen den Feinsand heraus, der sich oft in halbmeterhohen Sanddünen ablagert. Wo schließlich die Fluten beinahe zum Stehen gekommen sind, setzt sich der Niederschlag der Wassertrübe, der Schlick, in naturgemäß weit dün-

neren, nur wenige Zentimeter dicken Schichten ab. Je tiefer das Gelände liegt, je länger das Wasser nach einer Überflutung stehen bleibt, umso mehr Schlick wird abgelagert, am meisten natürlich in den Altwässern und Autümpeln, die auf diese Weise langsam verlanden.
Korngröße des abgelagerten Materials und Schleppkraft der Strömung stehen also in einem direkten Zusammenhang. Weil die Donau aber vor ihrer Regulierung um die Jahrhundertwende ihren Hauptstrom mehrmals verlagert hat, stellten sich auf den so entstandenen unterschiedlichen Standorten mannigfaltig verschiedene Waldgesellschaften ein. Siedeln sich nämlich erst einmal Pflanzen an, so werden die jungen Anschwemmungen allmählich zum Boden. Dieser aber kann nur langsam reifen, wird doch kaum gebildeter Humus immer wieder überschüttet. Ein Bodenprofil aus der Au zeigt deshalb häufig die charakteristischen begrabenen Humushorizonte. Manchmal kann man auch beinahe reine Schichten von Gehäuseschnecken finden, die hier einmal ihr feuchtes Massengrab gefunden haben, dazwischen eingelagert sind Treibholz und Pflanzenreste. Sand, Schlick und Schlamm haben alles zugedeckt und so sind sie zu einem Bestandteil des Bodens geworden.
Für den Auwald, zumindest für seine Vegetation, bedeuten die Überschwemmungen dennoch keine Katastrophe, im Gegenteil! Die trüben Wasserfluten lagern jedesmal große Mengen fruchtbaren Schlammes ab, der üppiges Wachstum ermöglicht. Die sandigen und schlickigen Böden saugen sich voll mit Wasser, Grundwassertümpel und Altarme werden aufgefüllt und neu belebt und geben von ihrem Reservoir in Trockenzeiten allmählich an ihre Umgebung ab.

WIE DIE PFLANZEN MIT DEM HOCHWASSER LEBEN

Die Pflanzenwelt ist an die periodische Überflutung denn auch weitgehend angepaßt; was sich nicht anpassen konnte, wurde längst ausgemerzt. Von allen Holzarten des Auenwaldes sind die Weiden am vertrautesten mit dem Wasser. Inmitten des Strombettes widerstehen die Strauchweiden auf den überschwemmten Inseln selbst der stärksten Strömung, ihre tief im Schotter, aber auch untereinander verankerten Wurzeln lassen sich weder losreißen noch unterspülen, ihre biegsamen, geschmeidigen Zweige leisten dem Wasser keinen Widerstand, sie neigen und beugen sich, aber es kann ihnen nichts anhaben. Vom Geschiebe herabgefetzte Blätter, Knospen und Rinde zählen dabei ebensowenig wie eine oft meterhohe Überschüttung mit Schotter und Sand — die Lebenskraft der Strauchweiden überwindet solche Unbill geradezu spielend. Kaum ist das Wasser zurückgegangen, begrünen sich kahle Zweige oder treiben gar neue Blüten, verletzte Rinde heilt im Handumdrehen, aus Sand und Schotter bohren sich neue Triebe ans Licht. Die Weiden sind wohl bevorzugte Gewächse, Lieblingskinder der Natur, die einfach nicht umzubringen sind.

Auf den tiefsten und nassesten Standorten der Au bauen die säulenförmigen Silberweiden einen reinen Weidenwald auf. Keine andere Holzart macht ihnen hier Konkurrenz, denn keine ist imstande, derart extreme Bedingungen zu ertragen. Nur der Silberweide macht es nichts aus, mehrmals im Jahr tage- und wochenlang überflutet zu werden, nur sie erträgt es, mit den Wurzeln beinahe das ganze Jahr im Grundwasser zu stehen, solange es nur fließt und sauerstoffreich ist. Bei langanhaltender Überflutung treiben sogar alte Bäume noch aus der Borke ihrer Stämme keulenförmige rosa Wurzeln ins Wasser; jüngere Bäumchen umgeben sich mit einem ganzen Wurzelfilz, woraus man später die Überflutungshöhe ablesen kann.

Pappeln, Erlen, Traubenkirschen und gar Eschen sind schon etwas empfindlicher, aber eine kurzfristige, strömende Überflutung ertragen auch sie, ebenso wie Eichen und Ulmen. Relativ überschwemmungsempfindlich sind dagegen fast alle Sträucher des Auenwaldes. Am längsten hält sich noch der Rote Hartriegel, während schon der Schwarze Holunder bei anhaltender Überflutung abstirbt, im nächsten Jahr allerdings vom Stock neu austreibt. Kritisch wird es erst dann, wenn das Wasser länger steht, sich erwärmt und der Sauerstoffgehalt abnimmt: dann ersticken die gänzlich untergetauchten Sträucher — sind doch mit ihren Blättern auch ihre Atmungsorgane außer Kraft gesetzt. Aber auch die Esche verträgt stehende Überflutung sehr schlecht: am Stammfuß bilden sich Längsrisse bis tief in das Holz hinein, sie beginnt zu kränkeln und stirbt manchmal sogar ab.

Sehr unterschiedlich an die Überschwemmung angepaßt sind die krautigen Pflanzen. Die vom Hochwasser verletzten und verschlammten Blätter sind wohl für die laufende Vegetationsperiode zumeist unbrauchbar geworden, aber aus Schlamm und Schlick ragen sehr bald neue, zartgrüne Spitzen und Blätter heraus. Brennessel etwa, die das Wasser in ihrer ganzen Länge umgelegt und mit Sand überschüttet hat, treiben aus dem liegenden Hauptsproß senkrechte Seitentriebe, die zu selbständigen, bewurzelten Pflanzen auswachsen. Den meisten Stauden schadet die Überschlickung nicht viel, sie treiben das kommende Jahr unbekümmert wieder aus. Nur die Zwiebelgewächse, wie Schneeglöckchen und Bärlauch, faulen bei länger anhaltender Überflutung. Wir finden sie deshalb auch erst ab einer bestimmten Höhenlage, wo das Wasser keinesfalls lange stehen bleibt. Einjährige, zarte Pflanzen, wie etwa die Springkräuter, werden oft gänzlich vernichtet, keimen aber im nächsten Frühling von

Schwarzer Milan — Kämpfende Brunfthirsche
Verträumtes Altwasser im Frühling — Rehkitz beim Trinken

neuem. Irgendwie haben alle Pflanzen des Auwaldes gelernt, mit dem Hochwasser zu leben.

WIE DIE TIERE DAS HOCHWASSER ÜBERLEBEN

Wesentlich härter ist dagegen die Tierwelt von den überraschend hereinbrechenden Wasserfluten betroffen. Von den Vögeln verlieren selbst Schwimmvögel, wie Enten, Taucher und Bläßhühner, ihr Gelege, fällt eine Überschwemmung gerade mit der Brutzeit zusammen. Bei bodenbrütenden Landvögeln, wie Fasanen oder Laubsängern, ertrinken außerdem noch die nichtflüggen Jungen. Selbst tiefbrütende Rotkehlchen, Amseln, Rohrsänger und Beutelmeisen sind nicht dagegen gefeit, daß das Wasser ihre Nester samt Insassen holt.
Am stärksten von allen Vögeln trifft es dabei wohl die Fasane, die im Auwald ja nur eingebürgert sind. Ihr ererbtes Verhaltensschema paßt einfach nicht für diese Umwelt, weil es in ihrer Heimat in den Steppen Westasiens keine Überschwemmung gibt. Immer wieder konnte beobachtet werden, daß selbst flugfähige, erwachsene Fasane ertrinken, weil sie sich auf überschwemmten Wiesen niederlassen, sobald nur ein paar Halmspitzen herausragen.
Die meisten Vögel des Auwaldes brüten allerdings so hoch, daß ein normales Hochwasser ihre Nester nicht erreichen kann. Mitunter mögen sich wohl dramatische Szenen abspielen, wenn die graue Flut unter den Bäumen hindurchschießt und immer näher an die Kinderwiegen heransteigt. Einmal, als das Wasser eben zurückgegangen war, fand ich ein Drosselnest mit fünf, schon befiederten Jungen darin; kaum eine Handbreit unter dem Nest ließ angeschwemmtes Treibholz erkennen, wie hoch die Flut gestanden war!
Verlieren die bodenbrütenden Vögel schlimmstenfalls eine Brut, die schnell wieder ersetzt wird, ergeht es den Säugetieren schon wesentlich schlechter. Rehe, Hirsche, Sauen und sogar Hasen sind ausgezeichnete Schwimmer, die, mit Ausnahme der Hasen, den Strom ohne weiters überqueren können — im überfluteten Gestrüpp verstricken sie sich jedoch, ermüden sehr rasch und ertrinken kläglich. Wie gefährlich so eine Situation ist, habe ich selbst einmal unfreiwillig ausprobiert, als ich bei Hochwasser auf einer überschwemmten Weideninsel zu landen versuchte. Meine Füße konnten keinen Grund finden, dafür behinderten mich die zähen Weidenzweige beim Schwimmen so sehr, daß ich richtig in Panik geriet. Erst als ich mich wieder dem offenen Strom zuwandte und der Insel auswich, hatte ich meine gewohnte Sicherheit im Wasser wiedergefunden.

Eisvogel
Blutweiderich im Sumpf

Erfahrene, ältere Tiere verlassen wohl rechtzeitig das Überschwemmungsgebiet oder suchen höher gelegene Stellen auf. Ihnen wird jedoch oft zum Verhängnis, daß die uferfernen Gebiete meist tiefer liegen als die ufernahen, das Wasser über Altarme und Gräben von hinten eindringt und die Tiere umzingelt und einschließt. In vielen Auwaldgebieten hat deshalb der Mensch Rettungshügel künstlich aufgeschüttet, auf die sich das Wild in seiner Not flüchten kann.

Besonders tragisch wirkt sich die Überflutung im Mai aus, wenn die Au eine einzige Kinderstube ist. Die neugeborenen Rehkitze sind natürlich ebenso verloren wie die Frischlinge, die Hirschkälber und Junghäslein. Mit den Rehkitzen ertrinken häufig noch die Rehmütter, die ihre Kinder nicht im Stiche lassen, bis es auch für sie zu spät ist, dem Wasser zu entrinnen. Das klingt alles sehr traurig und ist es für das Individuum ja auch. Für die Art aber sind die Verluste ohne jede Bedeutung und werden sehr schnell wieder ausgeglichen, vermehrt sich doch das Wild im äsungsreichen Auwald unglaublich rasch. So betrachtet, stellen die Überschwemmungen sogar einen natürlichen Regulator der Wilddichte dar, der Übervermehrung hintanhält.

Auffallend intelligent verhalten sich Fuchs und Dachs bei Überschwemmungen. Von vornherein legen sie ihre Baue an höher gelegenen Örtlichkeiten an, die kaum je überflutet werden, besonders gerne auf Rettungshügeln. Zudem verlassen sie die Au meist rechtzeitig.

Von der Kleintierwelt, den Mäusen und Eidechsen, den Igeln und Maulwürfen, würde man annehmen, daß sie zur Gänze der Überschwemmung zum Opfer fällt. Wiewohl jedesmal große Mengen zugrunde gehen — oft setzt die Überschwemmung einer herrschenden Mäuseplage ein jähes Ende — so gelingt es erstaunlicherweise genügend Tieren, zu überleben. Dabei hilft ihnen gerade ihre Kleinheit und ihr winziges Gewicht, retten sie sich doch zumeist auf die zusammengeschwemmten Reisighaufen, die im Gebüsch und zwischen den Bäumen hängen bleiben. So wird für sie das schwimmende Treibgut zur Arche Noah in der Flut.

Maulwürfe wissen sich auch gegen hochsteigendes Grundwasser zu schützen. In tiefliegendem, nassem Gelände errichten sie ihren Wohnkessel nicht wie sonst unter der Erde, sondern in einem riesigen Maulwurfshügel ober der Erde, der bis zu einem halben Meter hoch und einen Meter breit sein kann. Vor allem die blinden und hilflosen Maulwurfskinder brauchen dadurch nicht schon bei einer geringfügigen Grundwasserschwankung zu ertrinken. Zu den massenhaften Opfern der Überschwemmung zählen dagegen die Schnecken. In Haufen liegen ihre verwesenden Leichen dann beisammen, penetrant nach Aas stinkend. Ihre Vermehrungsrate ist aber so groß, daß keine merkbare Verminderung ihrer Zahl eintritt.

Sonderbarerweise sind auch die Fische von der Überschwemmung betroffen. Die Wasserfluten reißen sie mit über die Ufer des Stromes in den Auwald hinein. Wenn das Wasser zu sinken beginnt, gelingt es vielen von ihnen nicht, den rettenden Abstrom zu finden, sie bleiben in kleinen Tümpeln und schlammigen Wasserlöchern zurück. Fischreiher, Krähen und Füchse feiern ein Fest, mästen sich an den verzweifelt hin und herschießenden, sich drängenden und springenden Fischen. Mächtig große Hechte sind dabei, die von Angst gejagt, einen Ausweg suchen; nach Tausenden aber zählt die Schar der Verlorenen bei den winzig Kleinen, die sich in den schnell austrocknenden Pfützen zu Tode zappeln.

In meiner Heimat versammelte ein alter, tierliebender Uhrmachermeister nach großen Überschwemmungen die Dorfjugend um sich: „Kommt's Kinder, gehen wir Fischerl in die Donau tragen!" Mit Sandküberln und Schüsseln ausgerüstet, zogen wir los und arbeiteten eifrig und unermüdlich an unserem Rettungswerk. Manchen „Großen" schien unser Tun zwecklos, ja lächerlich — was zählten schon die paar geretteten Fische gegenüber den Tausenden von toten? Ich glaube trotzdem, daß es einen Sinn hatte, was der alte Uhrmacher tat; für die Fische vielleicht nicht, aber ganz bestimmt für die Kinder!

Ein erster Gang durch den Auwald, nachdem sich die Wasserfluten eben verlaufen haben, ist unbeschreiblich trostlos. Es riecht nach Aas und Schlamm. Schlamm liegt in dicken Schichten auf dem Boden, auf der Krautschicht, er verkrustet die Zweige der Sträucher und die Halme des Schilfes, er zeichnet kalkweiße Streifen auf die Stämme der Bäume, exakte Hochwassermarken, die ein genaues Nivellement des Auwaldes ermöglichen. Treibholz, Reisig und allerlei Unrat, den der Strom sonst noch mitführt, hängt in den Zweigen der Bäume und Sträucher, liegt auf den Wegen und Schneisenrändern. In den Senken steht noch das Wasser, versperrt den Durchgang, füllt die Gummistiefel oder zwingt zu kilometerweiten Umwegen.

Vierzehn Tage später sieht alles schon wieder ganz anders aus. Die Lebenskraft der Au überwindet den Schock erstaunlich schnell. Ein heftiger Sommerregen wäscht den Schlamm von den Pflanzen. Wohin man auch sieht — überall sprießt neues, helles Grün aus dem fruchtbaren, feuchten Boden. Das geflüchtete Wild kehrt zurück, kaum daß die Fluten zurückgegangen sind, schwimmt und watet oft noch durch Senken, in denen das Wasser länger stehenblieb, und bezieht genau dieselben Einstände, die es vorher innehatte. Die Vögel singen ihren Jubelchor, als wäre nichts geschehen.

So bedeuten Hochwässer und Überschwemmungen für die Tierwelt der Au wohl einen fühlbaren Eingriff, aber keine nachhaltige Störung ihrer Lebensgemeinschaft.

MÜCKENPLAGE

Das dicke Ende kommt knapp zwei Wochen nach Rückgang der Überschwemmung. Wo überall sie in Senken und Vertiefungen, in Wagenfurchen und Wegunebenheiten kleinste Tümpel und Pfützen, wo sie auf überschwemmten Wiesen flache Gräben und Lacken hinterlassen hat, dort sind die Brutstätten für die Mücken entstanden. Wohl legt die Gattung Culex ihre schiffchenförmigen Eipakete auch in stehende Altwässer, Regentonnen und wassererfüllte Baumhöhlen, die viel zahlreicheren und unangenehmeren Arten der Gattung Aedes entwickeln sich jedoch nur in zeitweise wasserführenden Überschwemmungsrückständen, wo die Mückennachkommenschaft beinahe ungefährdet heranwächst und astronomische Größenordnungen erreicht. Bevölkerungsexplosionen sind ja überall in der Natur das Kennzeichen von artenarmen Biotopen! Zu Unrecht werden deshalb Autümpel und Altwässer beschuldigt, die alleinige Brutstätte der Mücken zu sein, ein Vorwand, der das Zuschütten rechtfertigen soll. Wären die ständig wasserführenden Altwässer tatsächlich die Ursache dieser Landplage, müßte sie jedes Jahr gleich sein. In Wirklichkeit jedoch wechseln ausgesprochene Gelsenjahre mit anderen ab, in denen man kaum belästigt wird.
Dabei ist, Gott sei Dank, nicht jede Überschwemmung auch ein Mückenhochwasser. Von September bis März ist es zu kalt, als daß sich die Plagegeister entwickeln könnten; gelingt es ihnen im Spätsommer doch noch, so macht ihnen der erste Reif schnell den Garaus. Aber schon ein Aprilhochwasser kann Mücken bringen, wenn sie auch um diese frühe Jahreszeit gelegentlich noch ein Spätfrost sehr dezimiert. Wirklich schlimm sind die Überschwemmungen, die in die warmen Monate fallen und es ist ein Segen, daß das nicht jedes Jahr zutrifft.
Frauenfeinde pflegen zu betonen, daß es nur die Weibchen seien, die stechen; die Männchen wären harmlose Vegetarier oder leben, je nach Artzugehörigkeit, überhaupt nur der Liebe. Das stimmt sogar. Das befruchtete Mückenweibchen braucht zur Entwicklung der Eier das Blut von Warmblütlern und fliegt deshalb gleich nach der Hochzeit auf die Suche nach Säugetieren oder Menschen. Sein ungemein empfindlicher Geruchsinn hilft ihm dabei. Erst wenn es ihm gelungen ist, Blut zu saugen, legt es an die 200 walzenförmige Eier auf die Wasseroberfläche, aus denen schon nach 20 Stunden die häßlichen, borstigen Larven schlüpfen. Sie hängen sich mit dem Kopf nach unten an die Wasserhaut, den Hinterleib mit dem Atemrohr herausstreckend. Nach acht Tagen verpuppen sie sich dann, drehen sich um und hängen jetzt mit dem Kopf nach oben auf dem Wasserspiegel. Mit dem beweglichen Hinterleib, einer Ausnahme unter den Insektenpuppen, rudern sie durch das Gewässer und lassen

sich blitzschnell bei jeder Erschütterung zu Boden fallen. Nur drei Tage dauert ihr Puppendasein, dann steigt die fertige Mücke aus der Larvenhülle und schwingt sich mit hohem Summton in die Luft. Ein paar Tage bleiben noch Galgenfrist, während der sie sich in Hochzeitsschwärmen sammeln, die wie Rauchsäulen über die Baumkronen hinaussteigen, aber dann geht der Tanz los!

Oft habe ich nach einer Überschwemmung gebetet: ,,Lieber Gott, laß es ganz schnell heiß werden, damit die Pfützen austrocknen und keine Gelsenplage kommt!" Aber die Mücken waren immer schneller als die austrocknende Sonne; mit dem letzten Restchen schlammigen Wassers, das verdunstete, waren auch die Gelsen fertig entwickelt. Manchmal habe ich in hilfloser Verzweiflung mit den Gummistiefeln in die Lacken am Weg gestampft, die schwarz von wimmelnden Mückenlarven waren — umsonst! Sobald sich der aufgewühlte Schlamm gelegt hatte, waren sie unvermindert wieder da.

Was Gelsenplage wirklich bedeutet, vermag nur der zu ermessen, der in einem Mückenjahr einen gewitterschwülen Augustabend in der Au erlebt hat. Es sind bestimmt nicht die harmlosen Stiche, die einen buchstäblich rabiat machen können, auch nicht die noch tagelang juckenden Quaddeln, es ist eher das unerträgliche Umschwärmtsein, die beharrlichen und andauernden Angriffe, das irritierende, hohe Sirren, das Gekrabbel in Ohren und Nase, das Unentrinnbare der Situation. Selbst das Wild wird unruhig, wenn es abends auf die Wiesen auszieht, es schlägt um sich und prescht durch die Büsche. Aber auch das hilft, wie ich aus Erfahrung weiß, nur kurze Zeit, bald haben die Quälgeister ihre Beute wieder gefunden.

Gelegentlich sage ich mir: ,,Ist ja lächerlich, das ganze Theater, von nun an werde ich die Mücken einfach ignorieren!" Unbeteiligt schaue ich zu, wenn eine mit tänzerischer Grazie angeschwebt kommt, leicht und unmerklich landet. Nach ein paar tastenden Schritten hat sie die richtige Stelle für ihre Operation gefunden, tief schiebt sie ihre Stechborsten in die Haut, während sich die Rüsselscheide charakteristisch zurückkrümmt. Nun ist sie auf ein winziges Blutgefäß gestoßen, läßt ihren Speichel in die Wunde fließen, der verhindert, daß das Blut gerinnt und ihr den Rüssel verstopft. Langsam füllt sich ihr Hinterleib, schwillt mächtig an, rötlich schimmert mir mein eigenes Blut aus dem Leib der Gelse entgegen. Da löst sie sich, fliegt schwerfällig, fast taumelnd weg. Hätte ich sie doch erschlagen! Mindestens 100 Mückenkindern habe ich auf diese Art zum Leben verholfen. Und morgen wird mich der eingeflößte und nur unvollkommen wieder ausgesaugte Mückenspeichel so lange jucken, bis ich mich blutig kratze!

Es gibt viele Mückenmittel: von alten Hausmitteln angefangen, die das

Einreiben mit Nuß- oder Holunderblättern empfehlen, bis zu den modernen Erzeugnissen der chemischen Industrie. Ich habe sie alle ausprobiert, genützt haben sie, wenn überhaupt, nur kurzfristig. Die Nachteile sind womöglich größer. Mückenabwehrmittel enthalten stark riechende, ätherische Öle, die die Haut reizen, zumindest, wenn sie in Augen, Ohren und Nase kommen. Da das die Mücken aber auf alle Fälle tun und der ölige Finger ihnen folgt, gibt es bei empfindlicher Haut die schönsten Ekzeme. Mückenmittel auf DDT-Basis wiederum sind eindeutig gefährlicher als die Mücken selbst.
Einmal stand in einer Zeitung, man müsse regelmäßig Vitamin-B^1-Tabletten nehmen, das würde die Mücken abhalten. Ich nährte mich daraufhin wochenlang davon, aber anscheinend hatten die Mücken die Zeitung nicht gelesen, denn sie trachteten unvermindert nach meinem Blut.
Einen einzigen Sommer lang blieb ich tatsächlich von ihnen verschont. Das war damals, als ich mir eine schwere, infektiöse Gelbsucht geholt hatte und quittengelb wie ein Chinese herumlief. Die ins Blut übergetretenen Gallenstoffe, die ja auch die Haut gelb färben, müssen von den Mücken schon auf größere Distanz gerochen worden sein. Jedenfalls blieb ich unbehelligt, selbst wenn ich abends mit nackten Waden im Garten saß, während alle anderen Mitbewohner schon fluchend Reißaus genommen hatten. Gelbsucht kontra Mückenstiche, die Wahl wird einem schwer!
Bleibt noch der Rat meines Großvaters, eines alten, erfahrenen Försters: „Kind, du mußt die Gelsen ruhig stechen lassen; mit der Zeit treffen sie in dieselben Löcher und dann juckt es nicht mehr!"

DIE GROSSE FLUT

Nur alle Menschenalter einmal kommt die große Flut über die Landschaft am Strom. Gehören die periodischen Überschwemmungen noch zum gewohnten Leben ihrer Bewohner, so folgen Verwüstung und Verderben, Panik und Entsetzen dem Weg dieses gewaltigen Naturereignisses.
Im Juli 1954 erlebte ich das Hochwasser des Jahrhunderts aus unmittelbarer Nähe. Das Unheil begann, wie so oft, mit einem anhaltenden Sommerregen. Diesmal aber hörte es nicht auf zu regnen. Die Flut stieg und stieg immer noch weiter, als das Wasser längst über die Ufer getreten war und das Auland überschwemmt hatte. Nun erreichte sie die nächst höhere Terrasse, leckte über die hochstehenden Sommerwiesen, wälzte sich über die schnittreifen Getreidefelder, überspülte die Straße und

stieg immer noch, jetzt schon den Hang hinan, den Buchenwald hinauf. Am jenseitigen Ufer barst ein Damm und die entfesselten Fluten setzten über Nacht Dörfer unter Wasser, die viele Kilometer von der Donau entfernt lagen. Sie ergossen sich in der ganzen Weite der Ebene, bis ihnen die Berge des Mühlviertels endlich Einhalt geboten.
Rechtsufrig treten bei uns die Hügel näher an den Strom heran; in der Niederung verstreut liegen nur einzelne Gehöfte, die nun von einer Wasserwüste umgeben waren. Nun sind die Bewohner dieser Einschichthöfe von Kindesbeinen an mit der Donau vertraut, deshalb dachten sie auch jetzt nicht an Flucht. Als das Wasser zu ihrer Haustüre hereinplätscherte, hatten sie Hausrat und Vieh, Kind und Kegel bereits im oberen Stock verstaut. Gelassen warteten sie auf das Sinken der Flut. Aber der Regen trommelte weiter, Tag und Nacht, die unheimlich brausende Flut stieg immer noch höher, stieg über die Stufen der Stiege hinauf bis zum ersten Stock und versperrte den oben Eingeschlossenen den Rückzug. Die Fenster aber waren meist vergittert, sodaß ein Entkommen auf diesem Weg ebenfalls unmöglich war. Wären nicht Feuerwehr und freiwillige Helfer unermüdlich im Einsatz gewesen, die Eingeschlossenen zu befreien, der Strom hätte zu dem vielen Wild und so manchem Nutzvieh auch noch zahlreiche Menschenopfer gefordert.
Dramatisch gestaltete sich die Bergung der Rinder. Aufgeregt durch die ungewohnte Behausung im Heuboden und verängstigt durch das Rauschen des Wassers, weigerten sie sich störrisch, die schwankenden Boote zu besteigen, versuchten immer wieder auszubrechen und brachten die Helfer in große Gefahr.
Und das Wasser stieg immer noch weiter, bis die Dächer der Gehöfte nur mehr wie ungetüme, graue Schiffe aus der Flut herausragten. Fast vierzehn Tage blieb die Flut auf ihrem Höchststand; es schien beinahe, als sollte es immer so bleiben. Von einer Anhöhe hinter unserem Dorf konnte man die ganze Ebene überblicken: soweit das Auge reichte, stand sie unter Wasser. Die Donau hatte das ganze Gebiet der einstigen Urdonau wieder in Besitz genommen, bis an den Wagram heran — wer hätte heute noch daran gedacht, daß Wagram ursprünglich „Wogenrand" bedeutete?
Mit meinem Söhnchen stand ich oft auf dem flachen Dach des Überführerhauses, das wie ein Keil in die Strömung ragte und an dessen Mauern sich die Wogen brachen. Es war ein schauriges, aber auch großartiges Schauspiel, das sich hier bot: Entwurzelte Bäume, auf denen sich allerhand Kleingetier festklammerte, einem ungewissen Schicksal entgegentriftend, Baumstämme, Reisig, Hausrat, ja ganze Dächer trieben vorüber. Waghalsige Burschen fuhren mit Booten hinaus, um das Strandgut zu fischen, riskierten oft buchstäblich wegen eines Stück Holzes ihr Leben,

denn selbst der beste Schwimmer wäre in den reißenden Fluten verloren gewesen.

Als das Wasser endlich zu sinken begann, nahm mich der Gendarm unseres Dorfes auf seinen Kontrollfahrten zu den überschwemmten Gehöften mit. Es war eine abenteuerliche Fahrt über die versunkenen Getreidefelder, zwischen den Wipfeln der hohen Mostobstbäume hindurch bis zu den einschichtigen Bauernhäusern, die wie Wasserburgen in der grauen Flut standen. Auch am Forsthaus kamen wir vorüber, das auf einer kleinen Anhöhe stand, dessen Bewohner daher hatten bleiben können und nur in den oberen Stock übersiedelt waren. Der Förster war viel mit dem Boot unterwegs, um erschöpftes Wild zu bergen. Ach, es gab kaum etwas zu bergen, ganz wenige Rehe nur konnten gerettet werden, davon starben noch manche später an Erschöpfung; meist trieben nur mehr Kadaver vorbei. Der Auwald war so hoch überschwemmt, daß nur die Wipfel der hohen Bäume über das Wasser herausschauten, viele Meter hoch floß es selbst über die Rettungshügel hinweg.

Die Försterin erzählte mir von ihrer Katze, die gerade Junge hatte. Wie immer hielt sie das Geheck warm und geborgen im Heustadel versteckt. Nun aber floß ein breiter, schmutziger Strom zwischen Haus und Scheune und trennte die Katzenmutter von ihren Kindern. Trotz ihrer sprichwörtlichen Wasserscheu stürzte sich das besorgte Tier mehrmals täglich in die Flut und schwamm, gegen die Strömung kämpfend, zum Stadel hinüber, um ihre Kleinen zu säugen. Danach kehrte sie wieder ins Forsthaus zurück und nahm ihre Ration an Milch und Fleisch entgegen. Die rührende Geschichte der Katzenmutter machte bald die Runde im ganzen Dorf. Keine besondere Geschichte, nichts Großartiges, aber ein kleiner Lichtblick, ein Tropfen Freude in dem Meer von Sorge und Leid.

Eindrucksvoll war es, wie tapfer und selbstverständlich die Bauern wieder an ihre Arbeit gingen, als die Flut endlich sank und Schlamm und Verwüstung hinterließ. Die Kartoffeln waren verfault, das Getreide war verdorben, für das Vieh fehlte jegliches Grünfutter, selbst die Hausgärtchen waren verschlammt. Schmutziges Wasser war von oben in die Brunnen eingedrungen und hatte sie verseucht, viele Häuser hatten Risse bekommen, waren unterspült worden, manche waren eingestürzt. Aber ohne zu überlegen, machten sich die Leute an die Aufräumarbeiten, setzten die Felder instand, räumten die Wiesen, suchten zu retten, was noch zu retten war. Irgendwie erinnerte mich dieses zähe Festhalten an ihrem Boden an die Bewohner von Catania, die sich nach jedem Ausbruch des Ätna wieder einfinden und das Land bebauen, obwohl sie nicht wissen, wann der nächste Ausbruch, der nächste Lavastrom und Aschenregen kommen wird.

Auch der Auwald hatte diesmal sein Teil abbekommen; es dauerte Jahre, bis das Gleichgewicht seiner Lebensgemeinschaft wieder hergestellt war. Empfindliche Bäume und Sträucher waren abgestorben, selbst die Krautschicht war dezimiert und verändert. Kein Reh prägte seine Trittsiegel in den lettigen Belag, der auf allem lag. Erst als frisches Grün aus dem trostlosen grauen Überzug herauswuchs, wanderte aus den Hügelwäldern neues Wild ein. Vielleicht kehrte auch manches geflüchtete zurück, jedenfalls erholte sich gerade das Rehwild ziemlich rasch. Hasen und Fasane waren stärker betroffen, schlimm stand es auch um das Kleingetier. So hatte die reißende Strömung selbst alle Wasserfrösche mitgenommen. In diesem Sommer quakten keine Frösche in der Au und es dauerte Jahre, bis ihr volltöniger Chor wieder die Sommernächte durchtönte. Mäuse und Maulwürfe, Eidechsen und Schnecken waren fast alle ertrunken. Der Lebensraum der Au war buchstäblich leer und mußte neu besiedelt werden.

Katastrophenhochwässer verheeren das Land alle fünfzig oder hundert Jahre einmal. Auch die moderne Stromregulierung, ja selbst Stauwerke und Schleusen können sie nicht verhindern. Sie sind wie ein Ausbruch des im Grunde nur oberflächlich gebändigten Stromes, dem gegenüber die Machwerke des Menschen armselig und machtlos erscheinen. Was wird davon übrig bleiben in tausend Jahren? Der Strom aber wird sein Lied singen, wie seit Anbeginn der Zeit.

Wie ein Auwald entsteht

Seit Urbeginn war der Auwald einem steten Wandel unterworfen, der durch die Regulierung eingeschränkt, aber keinesfalls zum Stillstand gekommen ist. Solange die Wasserfluten des Stromes noch freien Lauf durch den Auwald hatten, herrschte natürlich noch viel mehr als heute ein ewiger Wechsel zwischen Zerstörung und Wiederaufbau, waren Land und Wasser ständig in Bewegung. Was der Strom hier fortriß, schwemmte er dort an, für das eine Altwasser, das er aufbrach und ausräumte, entstand in der alten Stromschlinge ein neues, nichts war festgefügt und unabänderlich. Die Vegetation heilte schnell und unermüdlich alle Wunden. Abwechslungsreich und vielgestaltig wie die Standorte, die so der Strom schuf, sind auch heute noch die Pflanzengesellschaften, die sie besiedeln. An Hand von alten Karten lassen sich die Veränderungen im Stromverlauf und damit im Auwald unschwer verfolgen. Deutlich zeigen sie, wie aus durchströmten Armen Altwässer und Tümpel geworden sind und aus Inseln Festland. Auch die immerwiederkehrende Bezeichnung „Haufen“ (Weidenhaufen, Mitterhaufen) weist unmißverständlich darauf hin, daß das Land einmal eine vom Fluß aufgeschüttete Insel war, die auch heute noch Haufen genannt wird. Neben diesen papierenen Dokumenten treffen wir im Überschwemmungsbereich aber noch andere Zeugen, die uns von vergangenen Zeiten berichten. So kenne ich einen mehrere hundert Jahre alten Einschichthof am Rande des Auwaldes, gut einen Kilometer vom Strom entfernt, dessen Besitzer gerne erzählt, daß sein Hof einstmals direkt am Stromufer stand und ein Gasthaus war, in dem sein Urahne Matrosen und Schiffersleute bewirtete. Als Beweis bringt er altertümlich geformte, seltsam plumpe Bestecke und andere Gerätschaften, die noch aus dem Gasthausbetrieb stammen. Heute erinnert an das damalige Stromufer nur mehr eine Bodenschwelle, das einstige Strombett wurde längst von einer tief gelegenen, oft überschwemmten Weidenau überwuchert. Immer noch aber steht das alte Gasthaus an derselben Stelle, nur legen keine Schiffe mehr an und kein lustiges Matrosenvolk kehrt ein. Ringsum ist die Au gewachsen, Fuchs und Hase sagen sich gute Nacht. Auch der alte Überführer, der in meiner Jugend die Verbindung zwischen den beiden Ortschaften diesseits und jenseits des Stromes mit seiner Zille aufrecht hielt, erzählte oft seinen ungläubigen Fahrgästen: „Wie ich ein Schulerbua war, da san dort, wo jetzt der Weidenwald steht, noch die Dampfschiffe gefahren.“
Inzwischen kann ich schon selbst ein bißchen die Chronistin der Donau und des Auwaldes spielen. Mein Sohn will mir allerdings ebensowenig glauben, daß die hoch aus dem Wasser ragende, waldbestandene Insel,

auf der er beim Paddeln mit Vorliebe zeltet, in meiner Schulzeit eine flache, meist überronnene Schotterbank war, auf der sich die Kormorane das Gefieder trockneten. Dabei kann ich als Beweis immerhin meine Doktorarbeit vorlegen!

Als ich vor mehr als zwanzig Jahren daran ging, die Donauauen zu erforschen, waren sie, vegetationskundlich gesehen, noch weitgehend Neuland. Die Pflanzensoziologie, die Lehre von der Vergesellschaftung der Einzelpflanzen, ist ja noch eine recht junge Wissenschaft, die sich anfangs naheliegenderweise den mehr spektakulären Objekten zuwandte, mit deutlichen, ins Auge springenden Unterschieden, etwa der Alpenflora oder den Mooren, den Trockensteppen oder den Salzpflanzen. Mein damaliger Lehrer machte mich deshalb aufmerksam, daß es vor allem darauf ankäme, Unterschiede innerhalb des Auwaldes herauszuarbeiten; ich sollte auf Höhenunterschiede im Gelände achten, auf die verschiedene Gründigkeit des Bodens usw. Obwohl ich die Au von Kindheit an recht gut zu kennen glaubte, schien sie mir doch ziemlich gleichförmig: hier wie dort üppig wucherndes Grün, Brennessel und Brombeeren, ein Gewirr von Sträuchern und Lianen. Und Höhenunterschiede? Die Au war doch augenscheinlich bretteleben! Erst beim bewußten Schauen fielen mir Geländestufen auf, erst die Schlammstreifen an den Bäumen nach den Überschwemmungen ließen mich Niveauunterschiede erkennen, die immerhin mehrere Meter betragen. So bretteleben ist die Au nämlich gar nicht, man darf sie nur nicht mit den Maßstäben des Hügellandes oder gar des Gebirges messen!

Daß auch die Pflanzenwelt keineswegs eintönig und gleichförmig die Stromniederung bedeckt, sondern daß jeder Standort von ganz charakteristischen Waldgesellschaften eingenommen wird, war die zweite Lehre, die ich zog. Bis ich das aber exakt nachweisen konnte, bedurfte es vieler hundert Vegetationsaufnahmen, in denen jeder Baum und Strauch, jedes Gras und Kraut, ja jedes Moos angeführt und nach Häufigkeit und Wuchsform mit Ziffern bedacht wurde. In endlos langen Tabellen gereiht, kristallisierten sich allmählich die verschiedenen Einheiten heraus — ausgezeichnet durch gemeinsame Arten, differenziert durch Trennarten. Im nachhinein war natürlich, nicht nur für mich, alles sonnenklar! Deutlich unterschieden sich die einzelnen Waldgesellschaften nach Standort, Vegetation und Entwicklungsstufe. Dabei hat mich am meisten beeindruckt, wie eine Waldgesellschaft von der anderen verdrängt wird, wie die nachfolgende Baumschicht die vorhergehende zuerst unterwandert und ihr später das Licht und damit das Leben wegnimmt, wie selbst Kräuter und Gräser um ihr Dasein kämpfen. Trotz Überfluß an Nährstoffen und Feuchtigkeit herrscht ein erbittertes Ringen um den „Platz an der Sonne".

Auch heute noch können wir die Dynamik der Vegetationsentwicklung, wenn auch eingeschränkt und abgeschwächt, im Auwaldbereich beobachten. Jüngst angeschwemmte Flächen werden von Pioniergesellschaften besiedelt, diese bald von einer Folgegesellschaft abgelöst, der sie im wahrsten Sinne des Wortes den Boden bereitet haben. Dabei sieht der gleiche Weg auf den Schotteraufschüttungen inmitten des Strombettes natürlich anders aus, als auf den Anlandungen der träge fließenden Arme und wieder anders im Verlandungsbereich stehender Altwässer.

ODYSSEE DES GESCHIEBES

Selbst der Boden des Auwaldes ist ja nicht, wie anderswo, an Ort und Stelle, entstanden. Er kommt von weit her: Die Donau bringt ihn mit, die Isar und der Lech, der Inn und die Traun, die Enns und die Ybbs, die Aist und der Kamp und die vielen anderen Zuflüsse haben dazu beigetragen. Könnten die flachen Kiesel, die auf den Schotterbänken zu Tausenden herumliegen, ihre Geschichte erzählen, so wäre wohl von steilen Felswänden und Geröllhalden, von Gletscherbächen und Bergwäldern die Rede. Nun liegen sie beisammen, die Kalke, Dolomite und Sandsteine aus den verschiedensten Gebieten der Alpen, liegen neben den Graniten des Mühlviertels, neben den Amphiboliten, Quarzen und Gneisen des Waldviertels. Auf dem weiten Weg, den sie in Achen und Bächen, am Grunde der Flüsse und zuletzt der Donau zurückgelegt haben, sind sie einander immer ähnlicher geworden, haben sich gegenseitig abgeschliffen zu annähernd gleicher Größe und Gestalt. Wäscht man die feine Schlammschicht aber ab, die sie alle überzieht und grauweiß färbt, so kommt doch ihr wahres Wesen wieder zum Vorschein. Zu den Badefreuden meiner Kindheit gehörte deshalb, die verschiedenfarbigen Steine zu sammeln, zu ordnen oder auch zu zerschlagen. In manchen glitzerte der Glimmer, andere, rein weiße Quarze, eigneten sich besonders gut als „Hammer". In manchen fanden sich die dunkelpurpurnen Flecken der eingesprengten Granaten, die weiß Gott woher aus den Tauern gekommen sein mochten und die wir mühsam und meist erfolglos herauszuschlagen suchten. Es ist noch nicht allzulange her, daß man selbst Gold aus dem Donausand wusch. So geht der Ortsname „Goldwörth" oberhalb Linz auf eine derartige Goldwäscherei zurück. Später ist sie wohl unrentabel geworden und wurde aufgelassen, aber Gold gibt es noch immer in der Donau.
Ab einer gewissen Wasserströmung gerät der Schotter wieder in Bewegung. Es ist ein eigenartiges Gefühl, wenn man von einer Schotterbank aus in den Strom hinauswatet und plötzlich spürt, wie einem der Boden

unter den Füßen buchstäblich davonrollt. Voll Wehmut denke ich an die tiefe und reine Freude zurück, mit der uns das Schwimmen in der Donau erfüllte, damals, als ihr sandiges Wasser noch frei von Öl und Unrat war. Völlig gelöst der Strömung hingegeben, wenn wir uns treiben ließen, während die weidenbestandenen Ufer an uns vorüberzogen, oder mit der ganzen Kraft unserer Jugend gegen sie kämpfend, wenn wir die Donau überqueren wollten. Unvergeßlich bleibt das feine Singen des Geschiebes auf dem Grund, das geheimnisvoll zu uns übermütigen Wasserratten heraufdrang.
Wie innig unsere Verbundenheit mit dem Strom war, erhellt vielleicht der Bericht eines Jugendfreundes, dem in Rußland von einer Granate ein Bein weggerissen wurde. Bevor ihm die Sinne schwanden, galten seine letzten Gedanken nicht Vater noch Mutter, sondern dem Strom, der Inbegriff der Heimat war: ,,Donau, dich seh ich nimmermehr.''

GEBURT EINER INSEL

Wie ein Auwald buchstäblich aus dem Nichts entstehen kann, zeigt sich am augenfälligsten auf den Schotterbänken inmitten des Strombettes. An der Innenseite seiner Krümmungen fließt das Wasser merklich langsamer, verliert daher an Schleppkraft und läßt das Geschiebe fallen. Eines Tages steigt eine neue Schotterbank aus dem Wasser, liegt nackt und kahl und blendend weiß in der Sonne. Die Wasservögel haben sie gleich entdeckt: Reiher stehen darauf, Krähen und Möven, an ihren Rändern grundeln Enten, Uferläufer stochern zwischen den Steinen nach Genießbarem. Aber dann schwillt der Strom wieder ein wenig an und schon ist die Bank überronnen, taucht schließlich ganz unter, ist weg, verschwunden. Unter Wasser aber ist sie noch da, ein Hindernis, an dem sich die Strömung bricht, an dem immer wieder neuer Schotter abgelagert wird. Beim nächsten Niederwasserstand bleibt die junge Schotterbank schon länger sichtbar, in einem trockenen Jahr vielleicht sogar einen ganzen Sommer lang. Weil es aber keinen Fußbreit Land gibt, auf den nicht irgendein Samenkorn fällt, so keimt auf ihr bald eine bunt gemischte Gesellschaft von Erstbesiedlern: spärliche Büschel von Weißem Straußgras, Wasserkresse und Knöterich, Rohrglanzgras und Rasenschmiele und was der Strom sonst noch zufällig anschwemmt. Einmal wachsen inmitten des Schotters kleine, wie vom Gärtner gezogene Tomatenpflänzchen, das andere Mal Sonnenblumen oder Löwenzahn. Die nächste Überflutung vernichtet die meisten dieser Zufallskeimer; nur das Straußgras überlebt, weil es mit seinen Ausläufern immer wieder durch den Sand kriecht, der es überschüttet hat. Früher oder später mag die In-

sel dann gerade zu einem Zeitpunkt auftauchen, da die Luft voll ist von den Samen der Strauchweiden und Schwarzpappeln, die sogleich auf dem feuchten Schotter keimen und Wurzeln schlagen. Dieser dichte Bewuchs bremst die Strömung bei der nächsten Überflutung schon merklich. Oft geht er noch einmal zugrunde, aber auch dann lagert sich zwischen den Stämmchen soviel Feinmaterial ab, daß die nunmehr höher gewordene Insel bei normalem Wasserstand nicht mehr überronnen wird.
Mittlerweile haben sich zwischen den Polstern des Straußgrases richtige Sanddünen gefangen, die den Schwarzpappeln und Strauchweiden günstige Lebensbedingungen bieten. Nun geht alles sehr schnell. Je dichter der Bewuchs, desto mehr Sand wird aus dem Wasser gekämmt, desto höher steigt die Insel empor. Immer feiner wird das abgelagerte Material, immer anspruchsvoller und artenreicher das Ensemble der Besiedler. Der Purpurweidenbusch, der eben erst unter den härtesten Bedingungen das Land dem Wasser abgerungen hat, muß der nächsten Pflanzengesellschaft weichen, die ihm auf dem besseren Standort überlegen ist und ihn daher verdrängt. Zuerst ganz klein und harmlos haben einige Grauerlen gekeimt, sind unauffällig herangewachsen, sind den niedrig bleibenden Strauchweiden allmählich über den Kopf gewachsen. Alle Weiden aber sind extrem lichtliebend, jede Beschattung bedeutet ihren Tod. Im Gefolge der Grauerlen sind Hartriegel und Holundersträucher gekommen und haben sich breit gemacht, haben die Weidenbüsche bis an die Ränder der Insel verdrängt, wo ihnen wenigstens noch von einer Seite das volle Sonnenlicht ungeschmälert zuteil wird. Von der nackten Schotterbank, die eines Tages aus dem Strom auftauchte, bis zur beginnenden Erlenau sind vielleicht nur zwei, drei Jahrzehnte vergangen!

HEISSLÄNDS

Einen Sonderfall in der Entwicklungsreihe auf Schotter stellen die Heißländs dar, die als kleine und kleinste Trockensteppen inmitten des üppigen, fruchtbarkeitsstrotzenden Auwaldes liegen. Im Luftbild ähneln die nur von Buschwerk und Rasen bewachsenen Flecken Mottenlöchern in einem hochflorigen Teppich. Vermutlich verdanken sie ihre Entstehung Katastrophenhochwässern der Urdonau, die gelegentlich so hohe Schotterbänke aufgeworfen haben mögen, daß sie von späteren Überschwemmungen nur mehr selten oder gar nicht erreicht wurden, weshalb weitere Sand- und Schlickablagerungen nur mehr spärlich erfolgten oder ganz ausblieben. Diese, von Natur aus trockenen Flächen wurden von der Absenkung des Grundwassers im Gefolge der Donauregulierung schärfer betroffen, als alle übrigen Augebiete. Heute reicht die geringe Feuchtigkeit, die der dünne, sandige Oberboden zu halten vermag, für einen Waldbestand nicht mehr aus — an seine Stelle ist ein Trockenbusch, vorwiegend aus Dornsträuchern, getreten. Wo die Sandauflage so geringfügig ist, daß selbst die trockenresistentesten Sträucher nicht mehr gedeihen können, werden sie von einem Trockenrasen ersetzt. Auf dem praktisch blanken Schotter schließlich verbleiben nur mehr Trockenmoose und Flechten.

Ungeachtet der wohl natürlichen Aufschüttung dieser Schotterflächen, dürfte es sich bei den Heißländs um eine Degradation handeln, die erst vom Menschen ausgelöst wurde. Wir finden sie nämlich nur in Gebieten mit abgesenktem Grundwasser, während sie in der überschwemmten Au fehlen.

Außer den bereits deutlich sichtbar gewordenen Heißländs liegen im Auwald verborgen noch Schotterlinsen und -rücken, deren Vegetation sich kaum von ihrer Umgebung unterscheidet, weil ihr Schotterkörper ins Grundwasser taucht. Eine Absenkung, wie sie unterhalb von Kraftwerken durch natürliche oder künstliche Eintiefung erfolgt, läßt diese potentiellen Heißländs dann akut werden. Manchmal gelingt es den alten Bäumen noch, mit ihren Wurzeln dem allmählich absinkenden Grundwasser nachzuwachsen, die jungen Bäumchen der nächsten Generation schaffen das aber nicht mehr und Trockenrasen oder bestenfalls Dornbusch tritt an die Stelle des einstigen Waldes. Im Auen-Trockenbusch liegt immerhin noch eine 30 bis 70 cm dicke Sandschichte über der Schotterbank, sodaß es auf den ersten Blick unverständlich erscheint, weshalb dieser Oberboden nicht für einen Wald reichen sollte. Anderswo, im Gebirge etwa, ist die Erdschichte über dem Felsen oft noch viel dünner, kaum eine Handbreit Boden liegt manchmal dem Gestein auf. Trotzdem stockt darauf ein Wald. Die Verhältnisse im Auwald sind damit allerdings nicht vergleichbar: nicht ein anstehender Fels liegt unter der dünnen Sandschichte, sondern eine Schotterbank, die wie ein Sieb das Regenwasser durchfallen läßt, anderseits aber verhindert, daß das Grundwasser kapillar aufsteigen kann. Auf den windstillen, ringsum von Auwald umgebenen, nur spärlich bewachsenen Freiflächen strahlt zudem die Sonne verstärkt ein und heizt die Temperatur im Hochsommer oft so stark auf, daß die Blätter der Sträucher buchstäblich versengt werden. Dabei sind es ohnedies recht widerstandsfähige Dorn- und Giftsträucher, die sich hier zusammenfinden: Weißdorn und Kreuzdorn, Liguster und Schlehdorn, stellenweise auch Reinbestände von Sanddorn.

Für die Vögel allerdings ist dieser Dornbusch ein wahres Paradies, wo sie, geschützt vor Greifvögeln, im sparrigen Astwerk reichlich Nistgelegenheiten finden. Zur Blütezeit des Weißdorns liegt sein süßer Duft in ei-

ner schweren Wolke über dem Heißländ, im Herbst ist der Boden rot von abgefallenen Kornellkirschen, orange von den Beeren des Sanddorns.
Nicht immer ist der Trockenbusch undurchdringlich und geschlossen. Oft stehen die Sträucher nur locker oder einzeln inmitten des Trockenrasens, der dann den Eindruck einer Steppenlandschaft auf kleinstem Raum bietet. Dieser Trockenrasen ist die artenreichste Pflanzengesellschaft im Auwaldbereich, im Juni ein einziger Blumenteppich. Blau blühen Wiesensalbei und Kreuzblume, gelb das Sonnenröschen, der Hornklee, das Fingerkraut, weiß die Klatschnelke und Schafgarbe, rosa die winzige Felsennelke und die Bunte Kronenwicke.
Dazwischen wachsen noch Spitzwegerich und Zypressenwolfsmilch, Zittergras und Bartgras und noch viele, viele andere mehr. Auch das sonst schon recht seltene Helmknabenkraut, eine der wenigen heimischen Orchideen, können wir hier oft geradezu massenhaft finden. Wie fein selbst die Tierwelt auf das unterschiedliche Kleinklima der Heißländs reagiert, zeigt das Vorkommen der Gottesanbeterin, die geradezu als Indikator für den trockenen, pannonischen Raum gilt, und des langschnäbeligen Triels, der sonst nur in trockenen Heiden und Steppen brütet.
Beim Trockenrasen liegt der Schotter durchschnittlich in 30 cm Tiefe im Boden. Deshalb hat es auch keinen Sinn, ihn aufforsten zu wollen; es reicht eben nicht für einen Baumbestand. Noch weniger allerdings bei der Trockenmoos-Flechtengesellschaft, die den nackten Schotter überzieht. Wirtschaftlich betrachtet sind die Heißländs, auch der Trockenbusch, gänzlich unproduktiv und werden es auch bleiben. Landschaftlich aber ist dieses Ödland durchaus reizvoll, ein belebendes Element, das in seiner Andersartigkeit den Auwald durchbricht und bereichert.

VERWACHSENDE ALTARME

Wesentlich weniger hart als auf der Schotterinsel ist der Lebenskampf der Pioniergesellschaft auf den flachen Sand- und Schlammbänken, die bei niedrigem Wasserstand die träge fließenden Donauarme säumen. Seit sie durch die Regulierung vom Hauptstrom abgeschnitten wurden, verlanden sie zusehends, werden immer schmäler und seichter. Die nährstoffreichen und feuchten Sandbänke sind nämlich das geradezu ideale Keimbett für die zahllosen Weidensamen, die Wind und Wasser dort antragen. Deshalb werden sie auch sehr schnell von einem bürstendichten Anflug besiedelt, der allenfalls noch ein paarmal durch ein langanhaltendes Hochwasser verschlammt und erstickt wird. Ob tot oder lebendig, auf jeden Fall verringert er die Strömung und filtert zusätzlich Feinsand und Schlick aus dem Wasser.

Wunderwelt Altwasser
Kreuzspinne im Netz — Der seltene Schwarzstorch

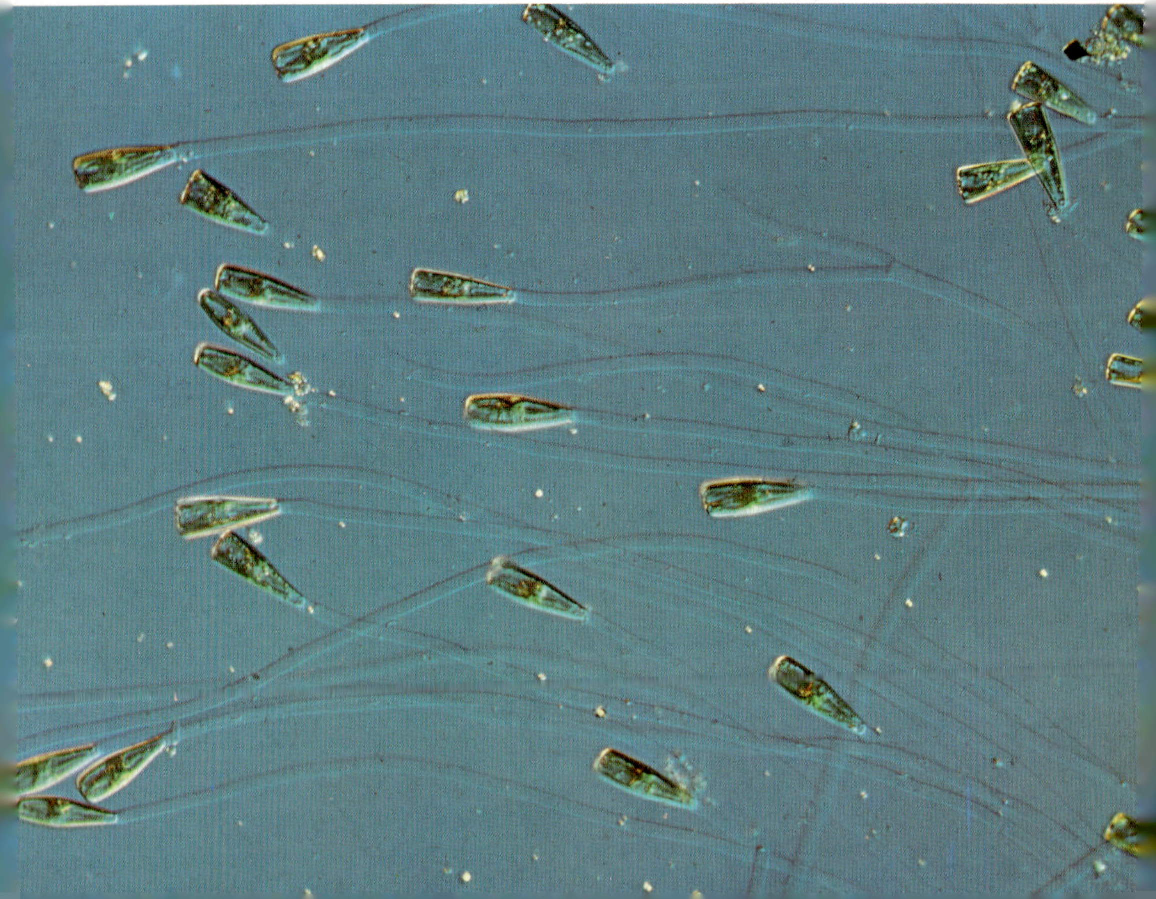

Oft überlebt aber sogar schon der erste Anflug und schießt dann unter günstigen Voraussetzungen schnell ins Kraut. Es ist ein bunt durcheinandergemischtes Weidenvölkchen, das sich hier zusammengefunden hat, und solange es nur meterhohe Ruten sind, vertragen sie sich auch recht gut. Bald aber beginnt die einzige Baumweide unter ihnen, die Silberweide, den vielen strauchförmigen über den Kopf zu wachsen. Sie bleiben, eine nach der anderen, zurück und sterben den Schattentod. Nach zwanzig bis dreißig Jahren ragen nur mehr die säulenförmigen Stämme der Silberweide auf. Ihre Kronen wölben sich zu einem grüngoldenen Dom, während von den vielen hundert Strauchweiden kaum eine einzige am Leben geblieben ist. Immer noch ist diese „Tiefe Weidenau" sehr feucht, wird bei jedem Hochwasser überflutet — deshalb bleibt die Silberweide auch konkurrenzlose Alleinherrscherin in der Baumschicht. Sträucher können hier ohnehin nicht wachsen — sie würden bei Hochwasser gänzlich überflutet und ertränkt. Auch in der Krautschicht sind es nur eine Handvoll Arten, die unter diesen extremen Bedingungen leben können: Sumpfvergißmeinnicht und Kriechender Hahnenfuß, Sumpfrispengras und Wasserpfeffer, Sumpfkresse und Straußgras. Jede Überschwemmung aber hinterläßt noch immer eine dicke Sandschicht und hebt die Weidenau ein Stück höher aus dem Bereich des Wassers heraus. Allmählich wird es den Sumpfpflanzen zu trocken, an ihrer Stelle beginnen mannshoch die Brennesseln zu wuchern, rankt die Auenbrombeere, klettert der wilde Hopfen, blüht das zierliche rosa Hexenkraut. Auch die Silberweide beherrscht den Standort nicht mehr so ausschließlich wie in der „Tiefen Weidenau". Sie muß ihn teilen mit der Traubenkirsche und den Hartriegelsträuchern. So wird die ursprüngliche „Tiefe Weidenau" oft noch innerhalb der ersten Baumgeneration, die auf den flachen Sandbänken gekeimt hatte, von der „Hohen Weidenau" abgelöst.

Aber auch sie hat nur ein kurzes, vergängliches Dasein. Aus dem vermehrten Abfall an Laub und Bodenpflanzen entsteht ein erster Humus und auf dem so verbesserten Standort gedeihen immer anspruchsvollere Pflanzen. Wird die Weidenau mehrmals geschlagen, so erschöpft sich bald die Ausschlagskraft ihrer Stöcke. Hallimasch befällt sie, ihre Zeit ist um. Inzwischen ist in der Krautschicht die Grauerle eingedrungen, die nun leichtes Spiel hat, die geschwächte, überalterte Silberweide zu verdrängen. Sie stirbt denselben Schattentod, den sie einige Baumgenerationen vorher den Strauchweiden bereitet hatte.

Die so entstandene „Hohe Erlenau", die schon auf der Schotterbank das Weidengebüsch abgelöst hat, ist nun auch hier die beherrschende Waldgesellschaft geworden. Im Gegensatz zur Weidenau hat sie jedoch Zeit für ihre Entwicklung, deren treibender Motor ja die Ablagerungen der

Fischernetz am Strom — Schwimmende Wasserpflanzen
Graureiher — Leben im Wassertropfen: Mikrofoto einer Kieselalge

Hochwässer sind. Wohl wird die Hohe Erlenau noch periodisch überschwemmt, aber je höher das Land sich hebt, desto dünner werden die abgelagerten Feinsand- und Schlickschichten. Deshalb kann endlich das Bodenleben die reichlich anfallenden organischen Substanzen verarbeiten, kann sich ein erster Humus bilden. In alle Schichten des Bodens dringen die Wurzeln der artenreichen Baum-, Strauch- und Krautschichte ein, durchlüften ihn und bauen dem Bodenleben immer neue Tunnel und Kanäle in die Tiefe. Die jungen, rohen Anschwemmungen des Flusses reifen allmählich zum fruchtbaren, lockeren und humosen Boden, der für die Erlenau charakteristisch ist. Kein Wunder, daß gerade in dieser Pflanzengesellschaft der Auwald seine ganze, beinahe tropische Üppigkeit entfaltet. Dichtes Strauchwerk versperrt den Weg, Lianen ranken, modriger Duft steigt aus der dicken Laubschicht auf, in der der Fuß bei jedem Schritt einsinkt. Bunt gemischt wachsen anspruchsvolle Kräuter und Gräser. Im Frühling beherrschen vor allem Bärlauch und Schneeglöckchen das Feld. Später kommt der Geißfuß mit seinen weißen Blütendolden hinzu, die Taubnessel und die Goldnessel, blau in blau der Gundermann und die Gundelrebe. Von den Sträuchern ist besonders der Schwarze Holunder charakteristisch, dessen Dasein immer reichlich Stickstoff im Boden verrät. Deshalb wächst er buchstäblich hinter jedem Misthaufen, aber auch auf Schlägen, wo ein rascher Stoffumsatz herrscht — und in der Erlenau.

Stickstoff, für den Eiweißaufbau der Pflanze unentbehrlich, ist im Boden oft Mangelware. Der reichlich vorhandene Luftstickstoff hingegen ist für sie auf direktem Wege nicht nutzbar. Die Erle hilft sich durch eine raffinierte Wurzelsymbiose mit einem Strahlenpilz, der den Luftstickstoff binden kann. Der ganze Vorgang ist einigermaßen kompliziert und beruht im Grunde auf einem wechselseitigen Parasitismus. Zuerst nämlich infiziert der Strahlenpilz die Erlenwurzel und nährt sich von den Säften des Baumes. Als Abwehrreaktion auf den Pilzbefall überwallt jedoch die Wurzel das infizierte Gewebe, sodaß fast apfelgroße Knollen entstehen können, in denen der Pilz lebt. Schließlich geht die Erle daran, den Pilz einzuschmelzen und seinen Stickstoffvorrat aufzuzehren. Auf dem Umweg über die verrottenden Erlenblätter profitieren auch die Nachbarpflanzen von dem vermehrten Stickstoff, unter anderem der schon genannte Schwarze Holunder. Aber auch die immer stickstoffhungrige Esche faßt bald in der reichen und fruchtbaren Waldgesellschaft der „Hohen Erlenau" Fuß, ohne die Erle vorerst zu verdrängen. Im Gegenteil, sie baut mit ihr zusammen einen harmonischen, mehrschichtigen Bestand auf, dessen Oberschichte sie wohl beherrscht, während sich Grauerle und Traubenkirsche die zweite Baumschichte teilen, noch unterwachsen von einer artenreichen Strauchschichte aus Schneeball und Hartriegel, Holun der und Liguster, Geißblatt und Pfaffenhütchen. Dabei bleibt immer noch Raum und Licht auch für die unterste Etage, die üppige Krautvegetation.

Man könnte glauben, daß mit dieser ausgewogenen Pflanzengesellschaft die Entwicklung ein Ende gefunden hat. Dies ist aber nicht der Fall. Der Boden wird humusreicher, dunkler, reifer, das Grundwasser sinkt, weil der Strom sich eintieft — kurz, der Standort verändert sich abermals und die Vegetation folgt getreulich nach.

Die zunehmend trockeneren Böden werden allmählich von tiefwurzelnden Eichen, Eschen und Ulmen eingenommen, während die flachwurzelnde Grauerle verschwindet. Nach den Hartholzarten, die diese Waldgesellschaft vorwiegend aufbauen, wird sie „Harte Au" genannt, während man Weiden- und Erlenau oft als „Weiche Au" oder „Weichholzau" zusammenfaßt. Sehr bezeichnend für die Hartholzau ist die mannigfaltige Strauchschicht, in der viele Arten aus der Erlenau verblieben sind, während noch eine ganze Reihe neuer, trockenheitsertragender Sträucher hinzugekommen sind. An Stelle des feuchtigkeitsliebenden Gemeinen Schneeballs ist der Wollige Schneeball getreten, Haselbüsche stellen sich ein, Kreuzdorn und Weißdorn, Feldahorn und Kornellkirsche kommen hinzu. Auch die Krautschicht hat sich verändert: auf großen Flächen wächst das Maiglöckchen, vermischt mit dem Breitblättrigen Salomonssiegel. Trockenheit zeigen die dichten Rasen der Weißen Segge an, lockeren Humus die würzig riechende Haselwurz und das zarte Nickende Perlgras. Gleich Wächtern vor einer geheimnisvollen Welt blühen die hochwüchsigen Nesselblättrigen Glockenblumen an Wegrändern und auf Lichtungen.

Die „Eichen-Ulmen-Eschen-Au" und noch mehr die „Eichen-Hainbuchen-Au" nehmen die ältesten und höchstgelegenen Terrassen der Stromniederung ein. Beherrschende Baumart ist in beiden Fällen die Eiche, zu Ulme und Esche kommen noch Bergahorn und seltener, auf sandigen, trockenen Böden, die Linde. Selbst der Birke, der Wildbirne und dem Wildapfel können wir hier begegnen, ebenso vereinzelt auch dem wilden Nußbaum. Pflanzen des Buchenwaldes, wie Waldmeister und Sanikel, dringen ein. Auffallend ist die seltsame, orangefarbene Lampionsblume oder Judenkirsche und der leuchtend blaue Steinsame, der ebenso wie sein naher Verwandter, das Lungenkraut, zweifarbige Blüten zustandebringt.

Von dem Überschuß an Wasser, wie wir ihn von den tief gelegenen Auwäldern kennen, ist nichts mehr zu bemerken. Nur alle Menschengedenken einmal kommt ein Katastrophenwasser bis hierher, wohl aber reichen die tiefwurzelnden Bäume bis zum Grundwasser, dessen jahreszeitliche Schwankungen für sie wichtig sind, weil sie den Boden mit

Sauerstoff versorgen. Die Krautschichte allerdings ist nur mehr auf Regen und Tau angewiesen.
Mit der Eichen-Hainbuchen-Au erreicht der Auwald sein reifstes Stadium, das allmählich in den Hainbuchenwald des Hügellandes übergeht. Die Waldgesellschaften der ,,Harten Au" finden wir im Donaubereich fast nur mehr dort erhalten, wo in früheren Zeiten jagdliche Interessen Vorrang hatten, vor allem beim feudalen Großgrundbesitz. Im Tullnerfeld, im Wiener Becken und besonders im Marchfeld liegen auch noch kleine zauberhafte Reste hinter hohen Parkmauern verborgen, inmitten eintöniger Getreidesteppen. Im bäuerlichen Besitz wurde das ebene, fruchtbare Land längst gerodet und unter den Pflug genommen. Die seltenen Überschwemmungen nahm man als ,,kalkuliertes Risiko" in Kauf. In der Lobau dagegen und in den Praterauen tritt dieser reizvolle Waldtyp heute noch nahe an Wien heran, eine Erholungslandschaft, um die uns andere Großstädte beneiden und die uns zu kostbar sein sollte, um sie für Industrieanlagen und Fußballplätze zu mißbrauchen. Auch in den weiten Ebenen des Ostens unseres Landes, vor allem zwischen Wien und Hainburg, blieben uns Auenwälder bewahrt, schöner, natürlicher und unberührter als längs der ganzen übrigen Donau, einschließlich dem Mündungsdelta.

VERLANDENDE ALTWÄSSER

Ganz anders als die rasche, stürmische Entwicklung auf den Schotterinseln und Sandbänken, verläuft die Verlandung stehender Altwässer. Ein Menschenleben ist zu kurz, um das zu beobachten. Für den Kundigen jedoch sprechen die gürtelförmigen Vegetationszonen, die das Altwasser umschließen, eine deutliche Sprache.
Betrachten wir doch dieses kleine Gewässer, das wie verloren in der Wildnis der Au liegt, während weit entfernt der mächtige Strom vorbeirauscht. Nur dem verborgenen, unterirdischen Zufluß des Grundwassers verdankt es überhaupt noch sein Dasein, aber wird es von Dauer sein? All die Vielzahl der pflanzlichen Lebewesen, denen es Heimstatt gibt, zehren von seiner Substanz, lassen es allmählich wieder zu Land werden. Selbst die winzigen, schwebenden Lebensstäubchen, die zu Tausenden jeden Wassertropfen bevölkern, tragen dazu bei. Sie sterben und ihre Leichen sinken zu Boden, erhöhen Schicht um Schicht den Schlammgrund. Viel mehr noch tun das die größeren Wasserpflanzen, die Laichkräuter etwa, die einen untergetauchten Teppich aus schwankenden Ranken weben und Jahr für Jahr viel organische Substanz produzieren. Das Schilf schließlich ist schon ein kräftiger Vorposten des Landes, das mit einem

Geflecht starker Wurzelstöcke und mit einem Wald aus Halmen dem Wasser zu Leibe rückt, es von allen Seiten einengt und umstrickt. Bei dem Ried ist der Kampf bereits entschieden — nur fallweise mehr taucht es seine Füße ins Wasser. Hinter den Riedwiesen aber stehen hoch und schlank die ersten Bäume, wasservertraute Silberweiden gewiß, aber doch schon entschiedene Vertreter des festen Landes.

Anders als auf den konkurrenzfreien Sand- und Schlammbänken fällt es hier den Weiden schon wesentlich schwerer, zwischen den Binsen, Simsen und Seggen Fuß zu fassen. Da hilft dann wieder ein Hochwasser mit einer dicken, alles überlagernden Schlickschichte, auf der dann doch einmal ein Anflug keimen kann. Nicht bürstendicht freilich, es kommen mehr Gruppen und Grüppchen hoch, denn selbst der wassergewohnten Silberweide ist es hier fast zu naß, sie wächst auf diesem extremen Standort auch nur langsam. Deshalb entsteht selten ein dicht geschlossener Weidenwald, sondern eher eine Parklandschaft, in der zwischen den Baumgruppen ein zarter, hellgrüner Straußgrasrasen wächst, wie ihn kein Gärtner besser zustande brächte. Dazwischen breitet das Sumpfvergißmeinnicht seine tiefblauen Teppiche aus, unterbrochen von den goldgelben Tupfen des Kriechenden Hahnenfußes. Den parkartigen Charakter betonen noch die üppigen, meterhohen Sumpfschwertlilien, die im Mai und Juni mit großen, leuchtend gelben Blüten locken.

Ohne Gummistiefel empfiehlt es sich allerdings nicht, hier einzudringen. Die „Nasse Weidenau“ hat ihre Tücken. Wochenlang ist sie ohnedies überflutet und unbetretbar, aber auch ohne Überschwemmung steht das Grundwasser häufig bis zur Oberfläche, füllt das Porenvolumen des Bodens fast zur Gänze aus, sodaß sogar die Regenwürmer, die hier leben, amphibisch sind. Gräbt man in den Schlick dieser „Nassen Weidenau“ ein nur knöcheltiefes Loch, so füllt es sich alsbald mit Wasser, Grundwasser, das von unten nachdrückt. Oft schon bei 30 Zentimeter Tiefe nimmt der Schlick eine graublaue Farbe an, die ihm das reduzierte Eisen im Boden verleiht. Erst wo schon Luft zutritt, finden wir dann die charakteristischen Rostflecke, die Farbe des oxydierten Eisens.

Wie hoch in diesen Beständen das Grundwasser ansteht, brachte mir erst kürzlich wieder ein unangenehmes Erlebnis zum Bewußtsein. Wir waren mit dem Auto von der asphaltierten, höher gelegenen Uferstraße abgebogen und auf einer geschotterten Schneise tief in die Au hineingefahren. Auf einmal begannen die Räder zu mahlen, wir steckten fest. Derlei Ungemach gewohnt, stieg ich aus, um anzuschieben. Was ich aber diesmal sah, verschlug mir doch den Atem! Der brave Volkswagen hatte sich bis zur Karosserie in den lockeren Schotter eingegraben und als wir mühsam Rad für Rad mit dem Wagenheber heraushievten, strömte das Grundwasser nach und füllte die Löcher!

Der Standort der „Nassen Weidenau" ändert sich nur langsam. Hochwasserablagerungen, vermodernde Pflanzenteile und die Tätigkeit des Bodenlebens zusammen bewirken aber doch allmählich, daß die Grauerle eindringen kann — das währt immerhin einige Baumweidengenerationen. Mit der Erle rückt der Rote Hartriegel und der Gemeine Schneeball an, in die Krautschicht schieben sich die Horste der Rasenschmiele, die gelb blühende Feigwurz überzieht die Senken und Mulden. Die neue Pflanzengesellschaft, die Tiefe Erlenau, ist ausgesprochen artenarm. Die Sumpfpflanzen der vorhergegangenen Tiefen Weidenau gedeihen nicht mehr, anspruchsvollere Arten noch nicht. Zudem fällt durch den dicht schattenden Hartriegel nur wenig Licht auf den Boden, zu wenig für die meisten Kräuter. Manchmal bedeckt der düstere Winterschachtelhalm eintönig große Flächen, nur im Frühling leuchten auch hier die vollen, gelben Dolden der Hohen Schlüsselblume.
Die Entwicklung verläuft, wie im ganzen Verlandungsbereich, auch weiterhin langsam, denn die Hochwässer hinterlassen in diesen strömungsabgelegenen Mulden nur millimeterdünne Schlickschichten. Allmählich aber wird der Boden, dessen Niveau sich nur wenig gehoben hat, durch die Tätigkeit des Bodenlebens reifer, dunkler und humoser, sodaß auch schon anspruchsvolle Holzarten, wie Esche, Eiche und Ulme wachsen können. So führt auch die Entwicklung im Verlandungsbereich der stehenden Altwässer in langen Zeiträumen allmählich zur „Harten Au", die vorerst noch feuchter und artenärmer ist, als die schon genannte. Grundwasserabsenkungen lassen auch diesen Unterschied einmal wegfallen, sodaß die Endgesellschaften der drei Entwicklungsreihen einander immer ähnlicher werden, so verschieden auch ihre Ausgangsglieder auf Schotter, Sand und Schlick ursprünglich waren.
In den weiten Stromniederungen des Ostens wird die Erlenau durch die Pappelau ersetzt. Die Grauerle ist ja, genau genommen, eine Art des Alpenbereichs, wo sie feuchte Schuttkegel und Flußgerölle besiedelt. Mit den Gebirgsflüssen gelangt sie dann zur Donau, die sie in ihrem gesamten Oberlauf bis Wien begleitet. Die zunehmende Trockenheit im pannonischen Klimaraum, zusammen mit den dichter gelagerten, luftarmen Böden des Unterlaufs, verringern ihre Konkurrenzkraft, Schwarz- und Silberpappel treten an ihre Stelle.
Auch bei den Pappelauen hat man eine Feuchte, Frische und Trockene Pappelau unterschieden, deren krautige Arten denen der Erlenauen entsprechen. Rein optisch unterscheiden sie sich jedoch gewaltig. Besonders die Silberpappeln mit ihren mächtigen, säulenrunden Stämmen, die oft doppelt so hoch wie die der Erlen in den Himmel ragen, mit ihren ausladenden Ästen und silbrigem Laub, prägen eindrucksvoll diese östliche Landschaft. Wird so eine alte Silberpappel gefällt, so treibt aus ihren

Wurzeln ein Heer von Schößlingen, die dicht an dicht die Schlagfläche bedecken, soweit der Wurzelraum reichte. Diese Wurzeltriebe ähneln im Aussehen getreulich dem Mutterbaum, sind sie doch rein vegetative Abkömmlinge, die keinen Vater haben.

Die Schwarzpappeln dagegen besiedeln hauptsächlich sandig trockene Uferwälle oder aufgeschüttete Schotterbänke. Im Alter nehmen sie dann knorrige, eichenähnliche Gestalt an, wipfeldürr und hohl überdauern einzelne Überhälter manchmal noch mehrere Baumgenerationen, bis endlich der Sturm auch diese Wahrzeichen fällt. In meiner Heimat heißt eine Stelle am Stromufer noch heute „zu den drei Albern“, obwohl der letzte der drei Baumriesen schon vor Jahrzehnten zusammengebrochen ist.

Schwarzpappeln können sehr gut Trockenheit ertragen: mit ihren Wurzeln wachsen sie oft viele Meter tief dem Grundwasser nach. Allerdings brauchen sie viel Licht. Bekommen sie auf besseren Standorten Konkurrenz von schattenden Arten, ziehen sie bald den kürzeren und werden dürr. Widerstandskraft gegen einen Standortsfaktor, in diesem Fall gegen Trockenheit, ist eben nicht gleichbedeutend mit Konkurrenzkraft überhaupt. So werden auch die Schwarz- und Silberpappeln, ebenso wie die Erlen, von Eschen, Eichen und Ulmen verdrängt, sobald der Boden reif und humos genug geworden ist, um diese Werthölzer zu tragen. Nur auf den Heißländs können sie sich länger halten, bis auch sie das Grundwasser nicht mehr erreichen.

Wunderwelt der Altwässer

Eine Welt für sich, eine stille, verschwiegene Welt dazu, sind die verborgenen Auweiher und Tümpel, Überbleibsel aus einer Zeit, da der Strom noch ungebändigt seinen Lauf zog, immer wieder einmal ausbrechend und seinen Lauf ändernd. Verwachsen und verträumt, oft kilometerweit vom Ufer entfernt und durch hohe Dämme vom lebendigen Strom abgeschnitten, stehen die vergessenen Gewässer dennoch in einem geheimnisvollen Zusammenhang mit ihm. Steigt er im Frühjahr bei der Schneeschmelze oder während eines anhaltenden Sommerregens, steigt auch der Wasserstand der Altwässer, allerdings oft mit Verspätung, bis das Wasser durch die vielfachen Schlamm- und Schlickschichten durchgedrückt wird. Fällt der Hauptstrom, dauert es noch länger, bis die Altwässer wieder ihren normalen Stand erreicht haben, weil die absinkenden Schlammplättchen die Poren des Bodengrundes verschließen. Manche von ihnen, die Autümpel, sind so seicht, daß sie bei extremem Niederwasser im Spätherbst und Winter völlig austrocknen. Trotzdem beherbergen auch sie eine Reihe von Wasserpflanzen, die im Schlamm verborgen, manchmal mit Hilfe von Winterknospen, überdauern und die das nächste Hochwasser zu neuem Leben erweckt. Die Auweiher aber behalten während des ganzen Jahres wenigstens einen Rest des einstmals so reichlich vorhandenen Elements.

Abgesehen von diesem unterirdischen Strom des Grundwassers, der sie speist, haben die Altwässer nicht mehr viel Gemeinsames mit ihrem großen Urheber. Abgetrennt von ihm und zum Verlanden verurteilt, entfalten sie ein ganz andersartiges Leben, verborgen hinter Wällen von Schilf und Ried, werden Zuflucht für eine Vielzahl heimlicher Geschöpfe. Sie sind die eigentlichen Kostbarkeiten des Auwaldes, Inseln der Einsamkeit, Oasen der Wildnis in unserer nützlichkeitshörigen Zivilisationswüste! Ein Kranz von hohem, schon im seichten Wasser fußenden Schilf umgibt sie. Groß und gelb leuchten die Blüten der Wasserschwertlilie aus dem Halmwald, purpurn die Ähren des Blutweiderichs. Wagen wir uns auf den trügerischen Boden, steht das Schilf wie eine Wand vor uns auf, schlägt über dem Kopf zusammen, raubt jede Sicht und Orientierung. Aber bald wird es niedriger und lichter, weicht schließlich, während unser Fuß immer tiefer im schlammigen Wasser einsinkt, einer Zone hellgrünen Rohrkolbens und läßt einen Blick auf die verwunschen daliegende Wasserfläche frei. Bläßhühner rudern kopfnickend darüber hinweg, verschwinden im Gewirr des Röhrichts, Enten fliegen quarrend auf, lautlos taucht eine Bisamratte weg. Am frühen Morgen stehen fröschefangende Reiher am Ufer, ein Eisvogel schnurrt wie ein blauer Edelstein vorüber, Eintagsfliegen tanzen im wiegenden Auf und Ab ihren Hochzeitsreigen, der zugleich auch ihr Totentanz ist.

IGELKOLBEN, FROSCHLÖFFEL, SCHWANENBLUME . . .

Seltsame Pflanzen gedeihen hier an der Grenze zwischen Wasser und Land, abenteuerliche und schöne, unscheinbare und attraktive. Da steht gleich so ein putziges Gewächs vor uns im schlammigen Wasser, mit schlanken, schwertförmigen Blättern und einem verzweigten Blütenstand, der mit kleinen und größeren grünen Igelchen besetzt ist. Wer kennt ihn schon, den im Sumpf verborgenen Igelkolben, der seine Blüten säuberlich nach Geschlechtern trennt, unten die dicken Weibchen, oben die kleineren Männchen? Gleich daneben wächst der Froschlöffel, dessen Blätter wohl an Löffel erinnern, mit denen aber die Frösche ganz bestimmt nicht essen. Sein pyramidenförmiger, lockerer Blütenstand ist mit zarten rosa Blütchen geschmückt. Auffallender ist die Schwanenblume oder Sumpfviole, die etwas tieferes Wasser vorzieht. Zwischen meterlangen, dreikantigen Blättern trägt sie auf blattlosem, runden Stiel eine große Dolde, deren rosa Blütenblätter dunkelrote Staubfäden umschließen. Igelkolben, Froschlöffel, Schwanenblume — schon die Namen der Pflanzen klingen geheimnisvoll, verraten etwas von ihrem eigenartigen Zauber.
Aus dem tieferen Wasser ragen pfeilförmige Blätter und dreizählige weiße Blüten, ähnlich denen des Igelkolbens, nach Geschlechtern getrennt. Wie viele andere Wasserpflanzen auch, treibt das Pfeilblatt im Herbst walnußgroße, stärkereiche Knollen, mit denen es im Schlamm überwintert, während die übrigen Teile verfaulen. Im Frühling wächst daraus eine vollständige Pflanze aus. Eine einzige große, weiße, gleichfalls dreizählige Blüte sitzt in der Mitte der stacheligen Blattrosette der Wasserschere. Das ganze Jahr lebt sie untergetaucht, nur im Juni oder Juli steigt sie empor und bietet ihre Blüte den bestäubenden Insekten dar. Danach sinkt sie wieder hinab in Schlamm und Dunkelheit.
Die seichte, geschützte Bucht ist von einem Miniaturwald kleiner, tannenbäumchenähnlicher Pflanzen bewachsen. Halb im Wasser, halb in der Luft wächst der Tannenwedel; es macht ihm aber nichts aus, ganz untergetaucht oder ganz auf dem Land zu leben. Er kann sich anpassen.
Mit armdicken, bis drei Meter langen Wurzelstöcken liegt die gelbe Teichrose auf dem Grund des Gewässers. Im Frühling treibt sie zuerst sonderbare, lichtgrüne, salatartige Unterwasserblätter, denen die herzförmigen, ledrigen Schwimmblätter und schließlich die langgestielten,

gelben Nixenblüten folgen. In den weiten, durchsonnten Altwässern der Lobau unterhalb Wiens finden wir auch die größere, weiße Seerose, die geheimnisvolle Königin aller Wasserpflanzen. Aus schlammigem Grund, direkt vom Wurzelstock, wo sie bereits überwintert haben, wachsen die runden Knospen dem Licht und der Luft entgegen. Im Mai wiegen sich dann die ersten, wachsbleichen, duftenden Blüten mit den goldenen Staubblättern auf den Wellen, umgeben von einem Kranz tiefgrüner, ledriger Schwimmblätter. Schwermütig schön und ein bißchen unheimlich mutet uns diese Pflanze an. Steigen in Vollmondnächten zwischen ihnen die Nixen herauf? Oder wurden die Seelen Ertrunkener in ihre wächsernen Blüten gebannt? Metallisch glänzende, rote, grüne, blaue und goldene Schilfkäfer haben deshalb jedoch keinerlei Bedenken, sich an den freigiebig dargebotenen Pollen gütlich zu tun. Kein Wunder, kommen sie doch selbst aus dem Wasser, wo ihre Larven ganz untergetaucht ihr Dasein verbrachten und sich die notwendige Atemluft aus den lockeren Geweben und Stengeln der Wasserpflanzen saugten. Haben sie die Bestäubung an der Seerose vollzogen, krümmen sich deren Blütenstiele und ziehen die werdende Frucht wieder unter Wasser, wo sie zu einer nußgroßen, flaschenförmigen Beere heranreift.
Feinzerschlissene, zierliche Blätter, nur dem Kenner unterscheidbar, haben viele Unterwasserpflanzen. Weil das Wasser sie trägt, können sie auf feste Formen verzichten, vergrößern dadurch ihre Oberfläche maximal, was den Gasaustausch unter Wasser sehr erleichtert. Beim Tausendblatt sind die Blätter besonders fein zerteilt und erwecken so den Eindruck von tausend „Blättern". Hebt man sie auf ihrem Element heraus, fallen die zierlichen Gebilde zu einem schlaffen Klumpen zusammen. Etwas starrer und härter sind die Blätter des wurzellos schwimmenden Hornkrautes. Die sternförmig geteilten Blätter des Wassersterns zeigen mit Sicherheit einen Grundwasseraustritt und sauberes Wasser an, während der feinst zerschlissene Wasserhahnenfuß in nährstoffreichen Gewässern ganze Unterwasserwiesen und zarte, weiße, über den Wasserspiegel herausragende, duftende Blütchen treibt. Eine blaßrosa, schöne Primelblüte schickt dagegen die fiedrig zerteilte, seltene Wasserfeder ans Licht.
Sie war die große Entdeckung meiner Studentenzeit, von der ich im Kollegenkreis so viel geschwärmt hatte, bis ich mir den Spitznamen „Hottonia", so heißt sie auf Latein, eingewirtschaftet hatte. Meine Begeisterung war aber doch begreiflich, war doch damals die Wasserfeder in Niederösterreich, nach einer vierzig Jahre alten Angabe, nur aus den Leithaauen bekannt und kaum ein Botaniker hatte sie jemals gesehen. Und dann entdeckte ausgerechnet ich grasgrünes Küken sie in einem schattigen Grundwasserweiher meiner heimatlichen Donauauen! Sie wuchs

dort so reichlich, daß ihre zarten Blüten wie rosa Schleier über dem Wasser lagen. Inzwischen habe ich die schöne Pflanze, die als Relikt aus der Eiszeit bei uns geblieben ist, immer wieder, wenn auch nur sehr verstreut, in den Donauauen und selbst in den Marchauen gefunden. Wahrscheinlich hatte sie vorher einfach niemand ernsthaft gesucht.

HEIMKEHR INS WASSER

Auf der Oberfläche des Tümpels schwimmen feine, grüne Blättchen — Wasserlinsen. Auch untergetaucht schwebt eine dreigeteilte Art dieser eigenartigen Blütenpflanzen, die diesen Namen kaum mehr verdienen. Sie blühen nämlich nur ganz selten mit winzigen, dem freien Auge nicht erkennbaren Blüten. Dabei ist die männliche Blüte auf ein einziges Staubblatt, die weibliche auf einen Fruchtknoten beschränkt. Auf das Allernotwendigste sind diese Miniaturpflänzchen reduziert: ein bißchen Blattgrün in ein schwimmendes Pölsterchen verpackt, eine fadenförmige Wurzel, die ins Wasser hängt. Fertig. Das genügt um zu leben und um sich zu vermehren. Die geschlechtliche Fortpflanzung haben die Wasserlinsen allerdings fast ganz aufgegeben, sie vermehren sich durch Ableger, die aus den runden Linsen heraussprossen und zu neuen, selbständigen Pflanzen auswachsen. Besonders in überdüngten Dorfteichen wuchern sie oft so massenhaft, daß die ganze Oberfläche mit einer dicken, ineinander verfilzten Schicht von Wasserlinsen, der sogenannten Entengrütze, bedeckt ist.
Hier im Autümpel können wir mit etwas Glück und guten Augen neben der Großen, der Kleinen und der Untergetauchten Wasserlinse auch die kaum stecknadelkopfgroße Zwerglinse entdecken, die kleinste Blütenpflanze der Welt. Man könnte sie für ein Algenkügelchen halten, sitzt sie doch völlig wurzellos einfach so auf der feuchten Oberfläche einer ihrer größeren Schwestern und blühen hat sie bei uns auch noch niemand gesehen.
Man braucht ja so wenig zum Leben im Wasser! Blütenpflanzen des Süßwassers haben übrigens eine eigenartige Entwicklung hinter sich, die letztlich im Kreis geführt hat. Einstmals, vor Millionen von Jahren, begannen Meerespflanzen auch das Land zu erobern. Aus den algenartigen, einfach gebauten Gewächsen entstanden Sproß- und schließlich Blütenpflanzen. Im Gegensatz zum Meer waren die Standorte an Land aber sehr unterschiedlich und so mußten die Blütenpflanzen dafür angepaßte Spezialisten ausbilden. Einer dieser Sonderstandorte war auch das Süßwasser — die Seen, Flüsse, Teiche und Tümpel. So kehrten die ursprünglichen Meerespflanzen auf dem Umweg über das Land wieder ins Wasser,

allerdings ins Süßwasser, zurück. Reuige Rückwanderer sind sie mithin, Heimkehrer in das leichtere, reichere Leben des Wassers. Und all die mühsam erworbenen Fähigkeiten für das Landleben — Wurzeln zum Verankern und zur Aufnahme von gelösten Nährsalzen, feste, starre Stützgewebe, um den Stürmen standzuhalten, große, farbige Blüten, die die Insekten anlocken, sie alle waren nun überflüssig geworden und wurden wieder abgebaut. Schlaff und weich sind abermals ihre Gewebe, denn das Wasser trägt sie, wenig Wurzeln brauchen sie, denn das Wasser nährt sie, ihre Blüten lassen sie verkümmern, denn kein Insekt brauchen sie mehr zur Bestäubung, das Wasser schwemmt auch den Pollen an die Narben. Vielfach verzichten sie überhaupt auf die geschlechtliche Fortpflanzung, begnügen sich mit Teilung und Sprossung.

KLEINE SEERÄUBER

Zwischen den glänzenden Blättern des schwimmenden Laichkrautes und in ruhigen Buchten tanzen spinnenähnliche Schlittschuhläufer ruckartig über die Wasseroberfläche. Kaum zu glauben, daß die flinken Wasserläufer zu den Wanzen zählen! Sie nützen die Oberflächenspannung der Wasserhaut, um auf ihr blitzschnell dahin und dorthin zu gleiten. Rastlose Räuber sind die anscheinend verspielten Geschöpfe, die andauernd Jagd auf Verunglückte machen, auf winzige, ins Wasser gefallene Insekten nämlich. Dabei sind sie wirklich hübsch anzusehen, aus der Nähe betrachtet. Ihr schlanker Körper ist von einem dichten, samtigen Silberpelzchen bedeckt, die großen, runden Augen, wie bei allen Insekten aus vielen Einzelaugen zusammengesetzt, verraten den Jäger. Doch, wie es so der Lauf der Welt ist, wird er oftmals selbst zum Gejagten, wenn ein Stärkerer, Größerer kommt. Die gelbbäuchigen Rückenschwimmer zum Beispiel, die unvermutet aus der Tiefe auftauchen, einen der Schlittschuhläufer schnappen und sofort wieder mit ihm verschwinden. Auch der Rückenschwimmer ist eine Wasserwanze, die familiäre Verwandtschaft hindert ihn aber nicht, den Wasserläufer zu verzehren. Er ist überhaupt ein unangenehmer Bursche, von dem wir lieber die Finger lassen wollen, ist doch sein Stich selbst für uns ausgesprochen schmerzhaft, ähnlich dem Stich einer Wespe. Wer würde dem blendenden Schwimmer, der untergetaucht zwischen den Wasserpflanzen lauert, zutrauen, daß er auch vorzüglich fliegen kann? Von den Auweihern, in denen er seine Entwicklung durchgemacht hat, fliegt er im Frühsommer gerne zu den seichten Autümpeln, wo vorübergehend besseres Nahrungsangebot herrscht. Erst zum Überwintern kehrt er wieder in den tiefen Weiher zurück.

Im Uferschlamm, unter verrottendem Laub, lebt noch eine weitere Wasserwanze, der Wasserskorpion, den wir an seinen langen, zweiteiligen Atemröhren erkennen. Wie Messerklingen sehen seine Vorderbeine aus, mit denen er seine Beute ergreift und festhält.
Ein noch gefährlicherer Räuber ist die Larve des maikäfergroßen Gelbrandkäfers, die sich selbst an kleine Fische heranwagt. Mit ihren starken Kieferzangen spritzt sie ihren Opfern ein eiweißlösendes Drüsensekret ein, das deren Inneres verflüssigt. Dann saugt sie die Bedauernswerten aus, bis nur mehr die leere Haut übrigbleibt. In einem Aquarium bringt sie nach und nach alle übrigen Insassen um; es ist deshalb besser, sie vorher herauszunehmen.
An der Unterseite schwimmender Wasserpflanzen sitzt der Süßwasserpolyp und lauert auf Beute. Der Körper dieses merkwürdigen Geschöpfes besteht nur aus einem zwei Millimeter langen Sack und einer Mundöffnung, die von fadenförmigen Fangarmen bekränzt ist. So klein er ist, lebt er doch genauso räuberisch, wie die Hydren des Meeres, seine nächsten Verwandten. Wie bei ihnen sind auch seine Fangarme mit Nesselkapseln besetzt, die bei Berührung explodieren und ein Stilett ausschleudern, das das Opfer betäubt. Andere Kapseln wieder wickeln es ein. Wehe dem Wasserfloh, der ahnungslos in seine Nähe kommt. Ehe er sich versieht, wird er von den explodierenden Nesselkapseln bombardiert, aufgespießt, eingewickelt und in das Maul des kleinen Untieres gezogen.
Am Grunde des Auweihers hat die Wasserspinne ihr Netz im Gewirr der unterirdischen Ranken ausgespannt. Sie ist eines der interessantesten Tiere dieses Lebensraumes und es lohnt sich, sie einmal näher anzusehen. Jetzt kommt sie heraufgetaucht, legt sich auf den Rücken und streckt den Hinterleib weit über die Wasserfläche, um mit ihren Atemröhren Luft aufzunehmen. Beim Untertauchen reißt sie zwischen den Beinpaaren noch eine große Luftblase mit sich, die sie unterhalb ihres Netzes losläßt. Luftblase um Luftblase wölben schließlich das Netz zu einer Miniaturtaucherglocke, unterhalb der sie bequem wohnen, jagen und lieben kann. Wenn sie blitzschnell durch das Wasser gleitet, um eine Wasserassel zu überwältigen, sieht es aus, als hätte sie einen silberglänzenden Mantel an. Es sind aber nur feinste Luftbläschen, die von ihrem dichten Körperpelz festgehalten werden. Sobald sich Nachwuchs einstellt, haben die Asseln und sonstige Beutetiere eine Weile Ruhe vor ihr. Für ihre Eier baut sie nämlich eine eigene Kinderstube, die sie in zwei Stockwerke teilt. Oben sitzen die Eikokons, unten hält sich die Spinnenmutter auf, die nun pausenlos damit beschäftigt ist, die Eiglocke mit Frischluft zu versorgen und sich nicht einmal Zeit zum Fressen nimmt. Erst bis die kleinen Wasserspinnen, 40 bis 60 an der Zahl, nach der vierten Häutung

ein eigenes Haarkleid haben und das Nest verlassen, kann sich auch die Mutter wieder der Jagd zuwenden. Im Winter bezieht sie schließlich ein leeres Schneckenhaus, das sie sorgfältig mit feinstem Gespinst austapeziert und mit Luftblasen anfüllt, bevor sie sich darin zum großen Schlaf zurückzieht.
Kehren wir vom Grunde des Tümpels wieder zur Oberfläche zurück, auf der sich jetzt ein seltsames Ringelspiel von drei bis vier fingernagelgroßen Käfern dreht. In kreiselnden Kurven sausen die Taumelkäfer wie betrunken dahin, aber der Schein trügt. Sie sind sogar sehr aufmerksam, kein Wasserfloh, kein Hüpferling entgeht ihren zweigeteilten Augen, mit denen sie gleichzeitig über und unter Wasser sehen können. Bei geringster Gefahr aber tauchen sie selbst blitzschnell weg.

LIBELLENMETAMORPHOSE

Über dem Altwasser schwirren im reißenden Flug farbenprächtig schillernde Libellen. Unvergleichliche Flieger sind sie! Auf gleißenden Flügeln jagen sie dahin, die zierlichen, kleinen Schlankjungfern, die blauen und braunen Wasserjungfern, die derben Vierflecke und die schönsten und größten von ihnen, die grüngoldenen Teufelsnadeln. Dabei sind diese schönen Geschöpfe gefährliche Räuber, vor denen keine Fliege, kein Falter, kein Flugkäfer sicher ist, buchstäblich in der Luft wird er von ihnen zerrissen. Ein Glück, daß sich die Natur nicht Libellen in Menschengröße hat einfallen lassen — Löwen, Tiger und Haie wären harmlose Lämmchen dagegen.
Aus unmittelbarer Nähe wurde ich einmal Zeuge eines grausigen Überfalls. Schauplatz der Handlung war meine grüne Bluse, auf der sich eben mit leisem Klirren eine bildschöne Teufelsnadel niedergelassen hatte. Wie eine kostbare Brosche saß sie auf meiner Brust und ich konnte die riesigen Facettenaugen, den schlanken, irisierenden Leib, die durchsichtigen, feingeäderten Flügel aus unmittelbarer Nähe betrachten. Ganz plötzlich machte sie einen Luftsprung, aber schneller als meine Augen folgen konnten, saß sie wieder an derselben Stelle, eine Fliege in ihren Fängen haltend. Mit einem einzigen Ruck ihrer kräftigen Kiefer biß sie ihr den Kopf ab, zerkaute ihn knirschend, ruck-zuck, die kleinen, ungenießbaren Flügel bröselten auf meine Bluse und schon verschwand auch der weiche Hinterleib der Fliege zwischen den gierigen Kauwerkzeugen. Das alles hatte sich in wenigen Sekunden abgespielt, danach saß sie wieder beinahe unbeweglich, während die Sonnenstrahlen ihre grüngoldenen Flügel aufleuchten ließen, unschuldig, „als ob sie keiner Fliege etwas zuleide tun könnte".

Sind schon die erwachsenen Libellen gefräßig und räuberisch, sind es ihre Larven erst recht. Den ganzen Tag lauern die häßlichen, borstenbewehrten Ungetüme im Schlamm, schleichen, eine abstoßende Fangmaske vor dem Gesicht, durch die untergetauchte Krautwildnis und überfallen alles, was sich bewegt: Mückenlarven und Kaulquappen, Fischbrut und selbst kleine Frösche und Molche. Eines Tages aber haben sie genug gefressen. Mühselig kriechen die plumpen, glotzäugigen Geschöpfe einen Pflanzenstengel hoch, bleiben unbeweglich sitzen, lassen sich trocknen und warten. Auf einmal platzt die Rückenhaut und ein neues, schöneres Wesen kommt zum Vorschein, steigt mit zierlichen Beinen aus seiner Larvenhülle, pumpt langsam die glashellen, zitternden Flügel auf. Stunden um Stunden vergehen, dann ist es endlich so weit — mit einem Ruck schwingt sich die Libelle hinauf in ein neues Leben im Sonnenlicht.
Libellen sind so vollendet an das Luftleben angepaßt, daß sie selbst ihre Paarung im Fluge vollziehen, als Doppelwesen durch die Luft fliegend. Nach der Hochzeit vertraut das Weibchen seine Eier wieder dem Wasser an, manche Arten versenken sie auch in einen untergetauchten Pflanzenstengel. Und dann beginnt der Kreislauf von vorne: aus den Eiern werden häßliche, gefräßige Larven, die elf Monate lang den Unterwasserdschungel unsicher machen, bis aus ihnen wieder die regenbogenfarbig schillernden Libellen geboren werden, ein Inbegriff beschwingter Schönheit.
So herrscht also Seeräuberei unter dem Getier des Wassers, wohin man sieht. Wenden wir uns deshalb wieder den friedlichen Pflanzen zu, die nur von Wasser, Luft und Sonnenlicht leben. Eine hübsche, gelbe Blütentraube fällt uns auf, die unschuldsvoll über dem dunklen Wasserspiegel leuchtet. Unter Wasser hat sie lange Stränge dicht mit fein zerschlitzten Blättern besetzt, auf denen merkwürdige Bläschen sitzen. Hebt man so einen Strang aus dem Wasser heraus, platzen diese Bläschen mit leisem, aufeinanderfolgendem Knattern, weil der äußere Luftdruck größer ist, als ihr Innendruck. Das sonderbare Gewächs heißt Wasserschlauch. Wollen wir ihm auf seine Schliche kommen, müssen wir wohl eine Lupe zu Hilfe nehmen. Damit sehen wir dann, daß die Bläschen keineswegs rundum geschlossen sind, sondern ein mit steifen Haaren umkränztes Ventil besitzen. Stößt nun ein Wasserfloh oder eine Mückenlarve gegen dieses Ventil, öffnet es sich nach innen und der Saugstrudel des einströmenden Wassers reißt das Opfer in das Bläschen hinein, das sich hinter ihm gleich wieder schließt. Dann sondert die Pflanze eiweißverdauende Säuren und Säfte ab, die den kleinen Gefangenen in aller Ruhe verdauen. Die Jagd scheint zufriedenstellend zu sein, halten wir die Fangbläschen gegen das Licht, so entdecken wir in fast allen die Reste der

Beutetiere. So also steht es um den unschuldigen Wasserschlauch: Fallen und Freßschläuche zugleich sind die sonderbaren Bläschen! Fleischfressende Pflanzen sind allerdings eine große Ausnahme in der Natur, im Auwald können wir überhaupt nur dieser einen begegnen.

WINZIGE LEBENSSTÄUBCHEN

Tausendfältiges Leben beherbergt selbst der kleinste Autümpel. Hätten wir ein Mikroskop, könnten wir in einem einzigen Wassertropfen noch eine Vielzahl von Einzellern entdecken: festsitzende Trompetentierchen, zarte Glockentierchen, die oft büschelweise nebeneinander sitzen, sternförmige Sonnentierchen, schiffchenförmige Pantoffeltierchen, die sich mit strudelnden Wimpern fortbewegen, durchsichtige Rädertierchen, Geißeltierchen, die sich durchs Leben peitschen und formlose Amöben, die nichts anderes sind als lebende Protoplasmatröpfchen. Pflanzliche Einzeller gibt es ebenfalls in großen Mengen, zierliche Grünalgen, einfachste Blaualgen, Geißellebewesen, bei denen die Zuordnung zu Tier oder Pflanze nicht immer eindeutig ist, weil sie einmal ein bißchen Chlorophyll haben, ein anderes Mal aber schon fressen können. Angesichts solcher komplizierter Gebilde verloren die ersten Mikrobiologen den Glauben an die Urzeugung, nach der aus Schlamm und Wasser von selbst Leben entstehen sollte.
Gegenüber diesen Winzigen wirken die schon mit freiem Auge erkennbaren Wasserflöhe beinahe wie Riesen. Dabei sind sie doch selbst nur allerkleinste Krebschen, die zu Abermilliarden die Tümpel bevölkern, sie oftmals durch ihre Masse färbend. Im Haushalt des Altwassers erfüllen sie eine wichtige Funktion, filtern sie doch Bakterien und einzellige Algen aus dem Wasser heraus, sorgen also dafür, daß es sauber bleibt. Setzt man eine Portion Wasserflöhe in ein Glas trüben, jauchigen Wassers, so kann man sich von der Filtrierleistung dieser kleinen Krebse selbst überzeugen: In kurzer Zeit ist das Wasser durchsichtig und klar.
Wasserflöhe sind ideale „Versuchstiere“ für angehende Naturforscher! Das Leben durchpulst ihre gläsern durchsichtigen Körperchen, an denen wir im Mikroskop das klopfende Herz, die dunklen Augenkugeln, die zappelnden Beine mit den Kiemen daran, bei den Weibchen sogar die Eier im Brutraum sehen können. Winzige Lebensstäubchen sind sie, die aber genau wie die Großen der Erde essen und sich paaren, fortpflanzen und sterben; es ist ein Gesetz, dem alle gehorchen. Im Vergleich zu dem überquellenden Reichtum an Leben im Wasser erscheint uns der Luftraum leer und öde und wir beginnen zu verstehen, daß das Wasser und nicht das Land die Wiege allen Lebens war.

Geheimnisvoll leuchtet die gelbe Schwertlilie
Verwachsener Altarm — Junger Silberreiher

MOLCHE, LURCHE UND FISCHE DER ALTWÄSSER

Über all dem Kleingetier hätte ich beinahe die Größeren und Großen der Altwässer vergessen. Schon im zeitigen Frühjahr legen Kammolch und Teichmolch, beide im bunten Hochzeitskleid, ihre Eier in der Wasserpflanzenwildnis ab. Ihre Larven nähren sich dann von Würmern und Insektenlarven, die sie im Schlamm überreichlich finden. Allmählich bilden sich ihre Kiemen zurück und sie gehen zur Luftatmung über. Überwintert wird dann an Land, unter einem Baumstrunk oder in einer Erdhöhle.
Von den Kröten und Fröschen, den Unken und Schlangen, war schon bei der Beschreibung ihrer Hochzeit die Rede. Was wären die Autümpel und Weiher ohne diese Musikanten? Während sich jedoch Kröten und Laubfrösche außerhalb der Paarungszeit weithin in der Au zerstreuen, bleiben die Unken und die grünen Wasserfrösche das ganze Jahr hindurch in der Nähe der Altwässer, ja die Unken gehen überhaupt nur selten und ungern an Land. Die Wasserfrösche dagegen nehmen am Rande der Tümpel mit Vorliebe ein Sonnenbad, geht man vorbei, so plumpsen die grünen Gesellen der Reihe nach wieder ins Wasser, tauchen mit den so menschenähnlichen Schwimmbewegungen weg und wühlen sich in den Schlamm ein. Manchmal sieht man von ihnen nur ihre großen, hervorquellenden Augen, die über die Wasseroberfläche herausragen. In der Krautwildnis bewegungslos sitzend und gut getarnt, lauern sie so auf Beute. Nähert sich ein dicker Brummer, so öffnet sich der große, rosa Schlund, die Zunge schnellt hervor und der Käfer ist gefangen und geschluckt, bevor er überhaupt eine Gefahr bemerkt hat. Kommt allerdings die elegante Ringelnatter vorbei, ist dem Frosch ein weit weniger barmherziges Ende beschieden. Oft dauert es mehrere Stunden, bis sie ihn überwältigt hat und der arme Kerl klagt laut dabei, wenn er lebendig verschlungen wird. Danach haben seine Gefährten wohl eine Weile Ruhe vor der Schlange, denn träge und unförmig angeschwollen, bleibt sie im Schilf liegen, bis der große Brocken verdaut ist.
Im ständig wasserführenden Auweiher lebt aber auch eine ganze Reihe von Fischen, deren Tisch durch die reiche Pflanzen- und Kleintierwelt üppig gedeckt ist. Trotzdem schwankt ihr Bestand sehr. Strenge Winter, in denen das Wasser fast bis zum Boden friert, führen oft zu erheblichem Sauerstoffmangel und bringen viele Fische zum Absterben. Erst die nächste große Überschwemmung bringt mit dem Frischwasser aus dem Strom auch neue Fische mit. In den fischereimäßig genutzten Altwässern sorgt auch der Mensch für eine Ergänzung des Besatzes. Übrigens verschleppen selbst Wasservögel in ihrem Gefieder oft Fischlaich.
Der Lebensraum des Altwassers mit seinen jahreszeitlichen Schwankungen, seiner starken Erwärmung im Sommer und dicken Eisdecke im

Kormoran beim Gefiedertrocknen — Bereifte Blattrosetten
Zwergrohrdommel in „Pfeilstellung"

Winter, stellt überhaupt ziemlich hohe Anforderungen an die Überlebensfähigkeit seiner Fische. Gut angepaßt an das zeitweilig sauerstoffarme Wasser sind vor allem die karpfenartigen Fische, von denen der Speisekarpfen, sowohl in seiner Wildform als auch in seinen gezüchteten Spielarten regelmäßig zu finden ist, manchmal sogar in unerwartet großen Exemplaren. Fällt eine Überschwemmung gerade in ihre Laichzeit, wandern mit den ausufernden Fluten oft große Fische in die Altwässer ein, um hier zu laichen. Sie überwinden dabei nur flach überschwemmte Wiesen und kaum überronnene Dämme, während sie sonst eher scheu sind und sich gerne in der Krautwildnis der Unterwasserpflanzen verbergen. Verfaulende Pflanzenteile nehmen sie mit ihren vier Barteln ebenso auf, wie allerhand Kleintiere des Bodens.
Gleichfalls den Schlammgrund und das Dickicht der Wasserpflanzen bevorzugt die wohlschmeckende Schleie, wohl der widerstandsfähigste Fisch der Auweiher. Nach großen Fischsterben bleibt sie oft nur mehr allein übrig. Sie hat überhaupt ein sehr zähes Leben, selbst noch in der Küche, wie ich als junge Hausfrau erfahren mußte. Ich hatte damals von einem Fischer eine frisch gefangene Schleie gekauft, der er auf meinen Wunsch gleich den Kopf abschlug und die Eingeweide herausnahm. Als ich sie zu Hause dann bratfertig machen wollte und innen und außen einsalzte, wand sie sich schlangengleich in meinen Händen, worauf ich sie mit einem Aufschrei fallen ließ! Nicht genug damit, begann sie in der Bratpfanne im heißen Fett derart zu hüpfen, daß sich der Deckel der Pfanne hob und scheppernd zu Boden fiel. Obwohl ich mir vorsagte, daß das enthauptete, ausgeweidete Tier unmöglich einen bewußten Schmerz fühlen konnte, sondern daß eben irgendwelche Reflexe noch reagierten, so erinnere ich mich immer noch äußerst ungern an diese Episode und mein Bedarf an Schleien ist bis heute gedeckt.
Beinahe ebenso widerstandsfähig wie die lichtscheue Schleie ist der kleine Steinbeißer, der jedoch kiesigen Untergrund bevorzugt. Als Futterfisch für Raubfische spielt die Karausche, die nahe Verwandte unseres Goldfisches, eine Rolle.
Der interessanteste Fisch der Altwässer ist jedoch der nur 8 cm lange Bitterling. Er kommt ausschließlich in Gewässern vor, die auch von der großen Teichmuschel oder Malermuschel bewohnt werden. Sie müssen nämlich für ihn eine Art Kindermädchen spielen. Im Frühling, wenn das Männchen ein prächtig rot, blau und grün schillerndes Hochzeitskleid angelegt hat und dem Weibchen eine lange Legeröhre gewachsen ist, geht das verliebte Paar auf Suche nach einer passenden, im Boden steckenden Muschel. Hat es diese gefunden, so führt das Weibchen vorsichtig seine Legeröhre in die Atemöffnung der Muschel ein und legt zwischen die Kiemen ca. 40 Eier ab, die anschließend vom darüber strei-

chenden Männchen besamt werden. Die weitere Brutpflege besorgt die Muschel. Wohlgeschützt zwischen den Schalenhälften und von ihr immer mit frischem Sauerstoff versorgt, machen die Eier ihre Entwicklung durch und verlassen erst als fertige Jungfische die Obhut der geduldigen Muschel, die übrigens selbst keinerlei Schaden genommen hat.
Ein weiterer, häufiger Fisch der Altwässer ist die grätenreiche Brachse, die gerne gesellig lebt und mitunter in langen Fischzügen Laich- oder Nahrungswanderungen unternimmt. Sie ist extrem hochrückig, deshalb passiert es manchmal, daß sie von einem Graureiher wohl gefangen, aber nicht geschluckt werden kann, weil bei ihm sprichwörtlich die „Augen größer als der Schnabel" sind. Er läßt sie dann auf der Sandbank liegen und die Krähen sind die Nutznießer seiner Panne.
Rotfedern und Rotaugen sind harmlose Vegetarier, werden jedoch selbst oft Opfer des Hechtes, des größten Räubers dieses Lebensraumes. Wie ein Stück Holz liegt er, zwischen Steinen und Wasserpflanzen versteckt, bewegungslos auf dem Grund und lauert auf Beute, die er aus dem Hinterhalt überrumpelt. Schier unersättlich ist er, kein Fisch, kein Frosch, ja keine Wasserratte und kein Taucher ist vor ihm sicher, er frißt buchstäblich alles, was nicht ihn frißt, sogar seine eigene Brut. Was sein Räuberschnabel einmal erfaßt hat, das läßt er nicht mehr los, mag sich die Beute noch so wehren, ein kurzes Schlingen und Würgen und alles ist vorbei.
Die von den Sportanglern besonders geschätzten Hechte waren in früheren Zeiten sowohl in der Donau, als auch in den Altwässern wesentlich häufiger als heute. Die Regulierung hat sie ihrer Laichplätze in verschilften Buchten beraubt, die Wasserverschmutzung hat ihre Futterfische dezimiert. Wie die Karpfen benutzen auch Hechte oft zeitige Frühjahrshochwässer, um die Altwässer zu erreichen, aber nicht immer finden sie dann rechtzeitig wieder zurück, gehen in kleinen und kleinsten Autümpeln zugrunde. Noch in meiner Kindheit waren bis zu einen Meter lange Hechte durchaus keine Seltenheit. Als man zu Ende des Krieges die Altarme rücksichtslos mit Netzen ausfischte, waren riesige Burschen darunter, die kein Angler mehr aus dem Wasser gebracht hätte. Einmal steckte ich so einem toten Hecht vorwitzig einen Finger in sein halboffenes Maul. Ich bekam ihn nur mit Mühe und blutig zerschunden wieder heraus, denn selbst als Toter ließen seine nach hinten gerichteten, nadelspitzen Zähne nichts mehr los.
Nur mehr in Altarmen, die noch in Verbindung mit dem Strom stehen, kommt auch der köstliche Zander vor, dessen zartes Fleisch besonders grätenarm ist. Sein grünlich spindelförmiger Körper verrät durch seine Tarnfärbung den lauernden Raubfisch. Er dürfte aus dem Osten eingewandert sein, wo er auch heute noch häufiger anzutreffen ist. Zander, Schill oder Fogosch sind drei verschiedene Namen für ein und denselben

Fisch. Mit seinem ungarischen Namen Fogosch steht er meist auf der Speisekarte der Restaurants, weil diese Delikatesse oft aus Ungarn importiert wird.
Noch mancherlei Fische bevölkern die verborgenen Altwässer, doch mit Bestürzung muß ich feststellen, daß ich sie soeben in erster Linie vom Standpunkt ihrer Genießbarkeit betrachtet habe. Ich kann es nicht leugnen, Fische stehen mir ziemlich fern, schon ein Frosch ist mir verwandter. Wenden wir uns deshalb einmal einem warmblütigen Tier zu, das noch nicht einmal hundert Jahre in unseren Auen lebt, das aus dem Lebensraum des Altwassers aber nicht mehr wegzudenken ist.

VON BISAMRATTEN UND ZWERGMÄUSEN

Zwischen Schilf und Rohrkolben fallen uns zahlreiche Löcher auf, die knapp unter der Wasseroberfläche liegen. Es sind die Eingänge zu den unterirdischen Bauten der Bisamratten, Fremdlingen aus Nordamerika, deren Vorfahren vor 70 Jahren in einem Teich bei Prag ausgesetzt worden waren. Ein wenig ähneln diese putzigen Nager in Aussehen und Lebensweise den Bibern, aber im Gegensatz zu den bei uns längst ausgerotteten Pelztieren, vermehrten sich die Bisamratten so stark, daß die Nachkommen der vier Stammpaare aus Böhmen heute schon ganz Mitteleuropa bis hinauf nach Sibirien besiedeln.
Wer ausländische Tierarten einbürgert, muß sich auf unliebsame Überraschungen gefaßt machen. Manchmal vermehren sie sich so stark, daß sie zu einer richtigen Landplage werden, wie in Australien die sattsam bekannten Kaninchen, manchmal verdrängen und gefährden sie konkurrenzschwache einheimische Arten, wie die dort verwilderten Hunde die Beuteltiere. Auch die Bisamratten machten sich bei ihrer anfänglichen Bevölkerungsexplosion recht unbeliebt, weil sie Deiche und Dämme unterminierten. Inzwischen haben sie sich aber weitgehend in die heimische Tierwelt eingefügt. In den Altwässern richten sie jedenfalls keinen Schaden an. Sie ernähren sich vorwiegend von Wasserpflanzen und Muscheln, deren leere Schalen man oft vor ihren Bauen finden kann, keinesfalls fangen sie Fische. Trotzdem wird ihnen wegen ihres wertvollen Pelzes eifrig nachgestellt, deshalb sind sie auch so scheu und tauchen beim geringsten Geräusch weg.
Nur wer geduldig warten kann, dem gelingt es, die heimlichen Tiere aus der Nähe zu beobachten, wenn sie etwa junges Schilf und allerhand Wasserpflanzen abnagen und damit zu ihren Wasserburgen schwimmen. Einmal lag ich bäuchlings am Rande eines langsam fließenden Grabens, als eine ausgewachsene Bisamratte mit glänzend braunem Fell so nahe

an mir vorbeischwamm, daß ich die dunklen Augen, den nackten Biberschwanz, ja selbst die gesträubten Schnurrbarthaare erkennen konnte. In ihrem Kielwasser aber paddelten drei Bisamkinder mit krampfhaft hochgereckten Schnäuzchen, ängstlich bemüht, den Anschluß an das ruhig dahinziehende „Mutterschiff" nicht zu verlieren. Ich hielt den Atem an, bis der kleine Geleitzug vorüber war und wünschte ihnen alles Gute in dieser gefahrvollen Welt.
Ein anderes Mal brachte mich meine Vorliebe für die Bisamratten in eine recht unangenehme Lage. Stundenlang hatte ich ihnen damals zugeschaut, wie sie unter Quietschen, Fauchen und Prusten ihre wildbewegte Hochzeit hielten. Dabei liefen sie blitzschnell über schwimmendes Treibholz, tauchten weg und kamen wieder hoch und waren so beschäftigt, daß sie mich überhaupt nicht beachteten. Vielleicht hielten sie mich auch für eine Weide. Endlich mahnte die untergehende Sonne zur Heimkehr, aber da erwartete mich eine böse Überraschung. Mein Beobachtungsposten lag auf einer sehr tief gelegenen Weidenhalbinsel, die weit in ein flaches Altwasser hineinragte. Nun hatte die Schneeschmelze den Strom in den wenigen Stunden fast um einen Meter steigen lassen und der hohe Wasserstand war durch einen kommunizierenden Arm auch an mein Altwasser weitergegeben worden. Dadurch war meine Halbinsel zur Insel geworden. Etwas ratlos überlegte ich, was tun. Stiefel ausziehen, Kleider ausziehen und durchwaten? Das Wasser war kalt und schlammig, Blutegel gab es sicher auch — das Bad war wenig verlockend. Ach was, es mußte sich doch noch eine seichtere Stelle finden lassen. Darin aber hatte ich mich getäuscht, denn zu dem kaum knietiefen Wasser kam noch der Schlamm, in den ich bei jedem Schritt weiter einsank. Meine Stiefel hatten bald geschöpft, trotzdem ging ich weiter, weil mir schon alles egal war. Immer mühsamer wurde es, die Füße aus dem zähen Morast zu befreien und schließlich verlor ich, auf einem Bein stehend, das Gleichgewicht und plumpste der Länge nach in den Sumpf. Mit Algen und Wasserlinsen im Haar, triefend vor Schlamm und Nässe, kam ich an diesem Tag nach Hause, aber meiner Freundschaft zu den Bisamratten hat dieses Abenteuer keinen Abbruch getan.
Geduld und Glück braucht man auch, wenn man die Zwergmäuse, die im Halmwald ihr heimliches Wesen treiben, zu Gesicht bekommen will. Eher findet man noch ihr kunstvolles Kugelnest, nicht größer als eine Kinderfaust, das irgendwo in einem Grasbüschel, zwischen den Binsen oder auch im Schilf hängt. Setzen wir uns ganz ruhig in die Nähe, wenn wir Glück haben, ist es bewohnt und die Langschwänzige läßt sich blicken. Da turnt sie auch schon unglaublich flink zwischen den Halmen heran, immer den langen Wickelschwanz beim Klettern benutzend. Das ist sehr praktisch, so hat sie die Händchen frei, um etwa eine Grasrispe abzu-

knabbern und sie sitzt dabei aufrecht wie ein Miniatureichhörnchen. Was ihr zwischen die Pfötchen kommt, frißt sie, Samen und zarte Triebspitzen, Käfer und Köcherfliegen, sie ist gar nicht wählerisch.
Obwohl man sie so selten zu sehen bekommt, sind die Zwergmäuse, die kleinsten Nager Europas, eher häufig. Aber winzig klein und flink wie sie sind, verstecken sie sich so gründlich, daß nur der Zufall sie entdeckt.
Von mäuseähnlichem Aussehen, in der Systematik jedoch meilenweit von den kleinen Nagern entfernt, ist die Waldspitzmaus, die recht häufig die landeinwärts gelegenen Großseggenbestände bewohnt. Besonders im Frühling und Sommer kann man ihr schrilles Zwitschern hören, vielleicht auch einmal sehen. wie sie sich blitzschnell unter der Laubstreu fortbewegt. Tote Spitzmäuse dagegen sieht man nicht selten mitten auf einem Weg oder Baumstumpf liegen. Spitzmäuse riechen nämlich intensiv nach Moschus; hat ein Fuchs einmal versehentlich eine gefangen, läßt er sie wegen des widerlichen Geruches liegen. Sie selbst aber frißt alles, was ihr in die Quere kommt. Obwohl sie zur Ordnung der Insektenfresser zählt, ist vom Käfer bis zum Frosch, vom Regenwurm bis zur jungen Zwergmaus nichts vor dem kleinen Räuber sicher. Ein ständiger Heißhunger scheint sie zu plagen, täglich vertilgt sie mehr als ihr eigenes Körpergewicht an Nahrung.
Schließlich treibt sich auch der Iltis noch gerne am Rande der Altwässer herum, ist er doch ein eifriger Froschjäger. Auf seinen Fraßplätzen im Röhricht finden wir die Reste seiner Mahlzeiten: Krötenköpfe, die er wegen ihrer Giftdrüsen verschmäht, schleimige Frosch- und Kröteneileiter, die er übrig läßt oder wieder auswirft, Eischalen von Enten und Bläßhühnern, sorgfältig aufgebissen und sauber ausgeleckt, Federn und Haare von Jungwild. Für schlechte Zeiten legt er sich einen Vorrat an lebenden Fröschen an, die er durch einen Biß ins Kreuz lähmt.
Nur mehr ganz selten kann man auf schlammigen Ufern die charakteristische Lappenspur des Fischotters sehen oder auf Steinen und Baumstrünken seine teerartige, schwarze Losung entdecken. Wegen seines kostbaren Pelzes wurde er in den Donauauen fast vollständig ausgerottet. Das ist sehr schade, sind doch Fischotter wahrhaft bezaubernde Geschöpfe von seltener Anmut und Geschmeidigkeit. Ihre Bewegungen im Wasser und an Land sind so übermütig verspielt, daß sie beinahe menschlich anmuten, aber wer von uns kann sich schon rühmen, etwa junge Fischottern beim Rodeln über eine vereiste Uferböschung beobachtet zu haben? Diese Herrlichkeiten kennen wir nur mehr aus Kulturfilmen. Mir selbst begegnete ein einziges Mal ganz flüchtig ein Fischotter. Er sprang mit eigenartig wiegenden Bewegungen über eine Sandbank und verschwand im Wasser eines Altarmes. Und ich hütete mich, ein Sterbenswörtchen davon zu verraten!

BEDROHTE KLEINODIEN

Über die Wipfel der hohen Silberweiden fallen die letzten, schrägen Sonnenstrahlen, zeichnen eine goldene Bahn auf den dunklen Wasserspiegel. Es wird Abend. Der Abschied von dem kleinen Paradies fällt mir schwer. Wer weiß, ob ich es wiederfinden werde bei meinem nächsten Besuch? Möglicherweise fällt schon morgen der nahegelegenen Siedlung ein, ihr Müllproblem dadurch zu lösen, daß sie all den Schutt und Abfall, den unsere Zivilisation so überreich produziert, auf kurzem Weg hier verschwinden läßt. Wieviel Altwässer sind schon im Bauschutt und Gerümpel erstickt! Oder das Baggergut aus dem nächsten Stauraum soll möglichst kostensparend untergebracht werden. Wohin mit den Tausenden Tonnen von Schotter? Die Altwässer bieten sich als Deponie geradezu an, sind sie ohnedies zu nichts nütze, unproduktives Land, aus dem niemand Profit ziehen kann. Fruchtbarer Auwald wird allerdings auch auf den Schotterdeponien niemals wachsen, zu weit ist das Grundwasser entfernt, zu mächtig die Schotterschicht, als daß es aufsteigen könnte. Immerhin werden sich ein paar trockenresistente Strauchweiden, Moose und Flechten hier ansiedeln und einen barmherzigen, grünen Schleier über die Wunde in der Landschaft legen.

Vielleicht aber bleibt dieser Auweiher verschont, weil er zu abgelegen ist, kein Weg hinführt, der Transport sich nicht lohnt. Trotzdem kann es sein, daß das Wasser eines Tages verschwunden ist. Wie es bei der Entenlacke der Fall war, jenem flachen, schilfbestandenen Altwasser, dem Brutplatz der heimlichen Rohrdommel. Mit vieler Mühe war es gelungen, sie vor dem Zuschütten zu bewahren und dann war trotzdem alles vergeblich! Das nächste, oberhalb errichtete Donaukraftwerk ließ den Grundwasserspiegel um einen Meter absinken, die Entenlacke fiel trocken.

Kein Zwergtaucher baut heute mehr sein schwimmendes Nest in die hängenden Zweige des Ufergebüsches, keine Entenmutter führt ihre flaumigen Küken im Kielwasser, die Rohrdommel ist verzogen, die Bisamratten sind ausgewandert, über ihre verfallenden Wasserburgen wächst das Gras. Verstummt sind die Frösche und Unken, vertrocknet die Seerosen. Ein verschilfter Waldteich weniger, wen stört das schon?

Vögel der Aulandschaft

Über die Vögel der Aulandschaft zu schreiben, wäre selbst für versiertere Ornithologen ein schwieriges Unterfangen. Wollte man nämlich alle aufzählen, die hier brüten, singen oder auch nur durchziehen, käme eine endlose lange Liste zustande, die beinahe vollständig unsere heimische Vogelwelt, zusätzlich vieler Wintergäste, umfassen würde. Es wäre einfacher, nur die Vögel zu nennen, die nicht in der Au vorkommen, denn das sind nur wenige Spezialisten des Hochgebirges, der Nadelwälder oder der Meeresküste. Was sich aber sonst in Gärten und Parkanlagen, in lichten oder verwachsenen Wäldern, in Hecken und dichten Gebüschen, an fließenden oder stehenden Gewässern herumtreibt, das lebt auch, oder erst recht in der Au. Ihre üppige, vielartige Vegetation ist Daseinsgrundlage für die vielen Klein- und Kleinstlebewesen, die ihrerseits wieder den Großen und Größeren zur Beute werden. Deshalb ist sie schlechthin der ideale Lebensraum für die meisten Vögel. Nicht nur das Nahrungsangebot ist beinahe unbegrenzt, auch Wohnungssorgen haben sie kaum: Alte Schwarzpappeln und Kopfweiden, sparriges Gebüsch und Dornsträucher, Schilf und Brombeerranken halten für die unterschiedlichsten Ansprüche die passenden Nistplätze und Verstecke bereit. Schließlich ist am Rande der Altwässer oder auf den flachen Schotterbänken des Flusses immer Gelegenheit zum Trinken und Baden gegeben, was den Wohnkomfort erst vervollständigt.
In der Au überschneiden sich außerdem noch mehrere, ganz verschiedene Lebensräume mit ihren spezifisch angepaßten Bewohnern, zu denen auch Vögel zählen. So grenzt der unterholzreiche, dichte Laubwald an träge fließende oder stehende Altwässer, wird unterbrochen von Sümpfen und weiten Wiesen, ja umschließt sogar Trockenrasen und offenes Dornbuschgelände. Dazu kommt der ganz andersartige Lebensraum des fließenden Stromes, mit seinen überronnenen Schotterbänken, seinen gebüschbestandenen Inseln, seinen steinigen Ufern, Buhnen, Leitwerken und Stromschnellen und nicht zuletzt seinem, auch im Winter offenen Wasser. Zwischen diesen großräumigen Landschaftselementen gibt es verschiedenste Übergänge und Ausbildungen, alles in allem eine Vielzahl sogenannter ökologischer Nischen — Heimat und Wohnraum für die ganze bunte Palette unseres gefiederten Volkes. So können wir vom kleinsten Vogel unserer heimischen Vogelwelt, dem Goldhähnchen, bis zum größten, dem Seeadler, rund 130 Vogelarten in der Aulandschaft begegnen, den meisten von ihnen allerdings im eigentlichen Auenwald.

VÖGEL DES AUWALDES

Fangen wir bei den Spechten an, die als ausgesprochene Waldvögel das ganze Jahr hindurch in der Au leben. Sogar der seltene, krähengroße Schwarzspecht brütet hier, dessen dröhnendes Pochen im Frühling weithin zu hören ist. Auch der helle, „lachende" Ruf des Grünspechtes ist aus der Au nicht wegzudenken. Wie alle Spechte ist er ein schlechter Flieger, man sieht förmlich, wie er sich plagt, wenn er in wellenförmigem Flug eine Wiese überquert. Oft hüpft er auch seltsam unbeholfen am Boden umher und stochert nach seiner Lieblingsspeise, den Ameisenpuppen. Mit dem Grünspecht leicht zu verwechseln ist der etwas kleinere Grauspecht, dessen Weibchen keine rote Kopfplatte hat. Ebenso wie der Große und Mittlere Buntspecht trommelt der Grauspecht gerne auf einem dürren Ast und signalisiert damit dem Weibchen seine Liebe. Nur spatzengroß ist der schwarz-weiß gestreifte Kleinspecht, der als einziger seine Wohnhöhle nicht selbst zimmert. Die anderen aber sind tüchtige Zimmerleute und hacken mit ihren kräftigen Schnäbeln in kurzer Zeit eine Höhle in den Baum, daß die Späne nur so fliegen. Ihre verlassenen Wohnungen kommen wieder anderen Höhlenbrütern zugute, häufig dem Kleiber, der mit Lehm das Einschlupfloch zuklebt, bis es seiner Größe angepaßt ist. Der Kleiber ist übrigens der einzige Vogel, der kopfunter abwärts klettern kann. Ähnlich wie er sucht auch der Baumläufer, ein zierlicher, bräunlich gestreifter Vogel, pausenlos die Ritzen und Spalten der Rinde nach Insekten ab.

Mit den Spechten nahe verwandt, jedoch ein Zugvogel, ist der scheue Wendehals, der gerne in ihre verlassenen Höhlen einzieht. Er ist durch sein rindenfarbiges Gefieder so ausgezeichnet getarnt, daß man ihn nur selten zu sehen bekommt, obwohl sein aufdringlicher, turmfalkenähnlicher Gä-gä-gä-gä-Ruf beinahe ununterbrochen zu hören ist.

Natürlich ist auch das muntere Meisenvolk beinahe vollzählig im Auwald vertreten. Besonders im Winter, wenn die dichtesten Gebüsche durchsichtig geworden sind, fallen uns die bunten, immer lebhaften kleinen Gesellen auf, die unbekümmert um Schnee und Kälte beim ersten Sonnenstrahl ihr einfaches Lied singen. Das „zizi-päh" der Kohlmeise gehört geradezu zum Tauwetter im Jänner! Bildhübsch im hellblauen Glanz ihres Gefieders ist die kleine Blaumeise, während die graubraunen Sumpfmeisen und Weidenmeisen einander sehr ähnlich sind. Reicher Kindersegen zeichnet alle diese Meislein aus, zweimal im Jahr ziehen sie bis zu zwölf Junge groß und es ist unwahrscheinlich, wie sie diese gigantische Leistung vollbringen. Die hohe Vermehrungsrate ist für die Erhaltung ihrer Art notwendig, klein und schwach wie sie sind, haben sie viele Freßfeinde, und ein strenger Winter kann sie gewaltig dezimieren.

Während die bisher genannten „echten" Meisen alle in Höhlen brüten, bauen die „Schein"-Meisen, nämlich Schwanzmeise und Beutelmeise, freie Nester. Sorgfältig flicht die weißköpfige Schwanzmeise ein rundum geschlossenes eiförmiges Nest aus klebrigem Raupengespinst und Moos und versieht es mit einem seitlichen Eingang. Sie verkleidet und tarnt es auch noch mit Baumflechten und polstert es schließlich mit weichen Federchen aus. Zweimal im Jahr macht sich die langschwänzige Meise diese Mühe und zieht darin sechs bis zwölf Junge groß. Im Winter fliegt sie in größeren Trupps umher, immer unstet und auf der Suche nach Insekten.
So kunstvoll das Nest der Schwanzmeise auch sein mag, unbestrittene Baumeisterin ist jedoch die Beutelmeise. Sie ist für den Auwald ganz besonders charakteristisch, hängt sie doch ihr birnenförmiges Nest am liebsten an die äußersten Zweige von Weiden und Pappeln, die am Rande von Altwässern und Gräben stehen. Als einzige Meisenart bleibt sie im Winter nicht bei uns, aber schon im März ist sie von ihrer Südlandreise zurück und macht sich an die Arbeit. Wie der kleine Vogel es zustandebringt, sein Nest an den dünnen, glatten Zweigen zu befestigen, ist wirklich einmalig. Zuerst turnt er in einer Art Riesenwelle immer wieder um den Zweig herum und umwickelt ihn dabei mit zähen Fasern, meist aus vorjährigen Hopfenranken. An dieser Grundentwicklung hängt er dann eine kräftige Faserschlinge auf, befestigt sie zusätzlich an Seitenzweiglein und baut sie zu einer tragfähigen Hängematte aus. Das nächste Stadium sieht dann wie ein kleines Henkelkörbchen aus, an dem die Wände rasch hochwachsen, bis es schließlich rundum geschlossen und mit seitlicher Einschlupfröhre an dem ergrünenden Weidenzweig schaukelt. Noch ist das Werk nicht vollendet. Um es wind- und wetterfest zu machen, stopfen und weben die Beutelmeisen noch dicht aneinandergefügte Klümpchen von Weiden- und Pappelwolle in das Geflecht, bis kein Sturm und kein Regen der Kinderwiege etwas anhaben kann. So warm und gleichzeitig so haltbar sind die Nester der Beutelmeise, daß sie in Osteuropa, wo sie sehr häufig vorkommen, als Hausschuhe für Kinder verwendet werden.
Leicht sind die Beutelmeisennester übrigens gar nicht zu entdecken. Am Rande der Altwässer hängen an den Weidenzweigen oft Algenwatten und Geschwemmsel vom letzten Hochwasser; auch Raupengespinst, zu Klumpen geballt, sieht so ähnlich aus und tarnt die wirklichen Nester.
Häufig im unterholzreichen Auwald anzutreffen sind ferner die Laubsänger, die zur großen und artenreiche Familie der Grasmücken gehören. Unscheinbar, klein, schlank und grünlich gefärbt, wären sie vom Laien kaum zu unterscheiden, käme uns nicht ihr artspezifischer Gesang zu Hilfe. So ähnelt das Lied des Fitis sehr dem Buchfinkenschlag, nur klingt

es weicher, schwermütiger, wie in Moll getönt. Von ihm unterscheidet sich der Zilp-Zalp durch seinen einförmigen Ruf zilp-zalp, zilp-zalp oder auch zilp-zilp-zalp oder auch zilp-zalp-zalp usw. Jedes Männchen reiht die beiden Silben seines Gesanges etwas anders, ruft gleichsam seine eigene Telefonnummer. Größer als Fitis und Zilp-Zalp ist schließlich der Waldlaubsänger, den man an seinem trillernden Singflug erkennen kann.

Alle drei Laubsängerarten halten sich vorwiegend in den Baumkronen auf, brüten aber in einem gut versteckten, überdachten „Backofennest" am Boden. Ihre Jungen, fünf bis sieben Stück, sitzen in 2 bis 3 Etagen dachziegelförmig übereinander und behalten ihre Sitzordnung eisern bei, wie Versuche mit markierten Waldlaubsängern ergaben. Die Eltern füttern reihum und keines kommt zu kurz. Wenn die Jungen schon groß sind, wird das Gedränge im Nest oft gar zu arg und sie drücken das Dach durch. Dann sind sie aber längst befiedert und beinahe flügge, es schadet ihnen nicht mehr.

Obwohl die Laubsänger schon im März zu uns kommen und uns erst im September und Oktober wieder verlassen, ziehen sie meist nur eine Brut groß. Auf ihrer Reise ins tropische Zentralafrika vollführen sie einen eigentümlichen Schleifenzug, hinzu über Westafrika, heimzu über das östliche Afrika, sie grasen beinahe den ganzen Kontinent ab.

Von den eigentlichen Grasmücken ist die Mönchsgrasmücke, im Volksmund Schwarzplättchen genannt, wegen ihres klangvollen Gesanges am ehesten bekannt. Im dichten Gebüsch baut es sein Nest, flicht es sorgfältig aus Halmen und befestigt es rundum an den Zweigen. Im Herbst, nach dem Laubfall, kann man die nur scheinbar lose geflochtenen kleinen Schlüsselnester oft nahe neben einem vielbegangenen Weg finden, zur Brutzeit entdeckt es nur der Zufall. Weil die Mönchsgrasmücke so eine ausgezeichnete Sängerin ist, wurde sie früher häufig als Käfigvogel gehalten, ja, es wurden sogar richtige Singkonkurrenzen mit Preisverteilung veranstaltet. Die Kenner unterschieden dabei genau die einzelnen Strophen ihres Gesanges, von denen das „Dudeln" und „Orgeln" die bezeichnendsten sind. Das hat sich zum Glück aufgehört und damit auch der Vogelfang mit Leimspindeln, Lockvögeln und Netzen in unseren Auen.

Nur ein einfaches Liedchen bringt dagegen die Dorngrasmücke zustande, das eher einem rauhen, gequetschten Gezwitscher gleicht. Alle Grasmücken, von denen noch eine ganze Reihe weiterer Arten den Auwald bewohnt, sind ausgesprochene Insektenfresser, die von den kleinsten Blattläusen über Raupen und Käfer alles aufnehmen, was ihnen vor den Schnabel kommt.

Mit dem allbekannten Rotkehlchen, das überaus häufig im Gebüsch des

Auwaldes brütet, haben wir wieder einen hervorragenden Sänger vor uns. Es ist ausgesprochen zutraulich, wir können das rundliche Vögelchen mit den großen Augen und der orangefarbenen Kehle und Brust deshalb leicht aus nächster Nähe beobachten. Sein melodisches, wehmütig klingendes Trillern läßt es gerne in der Morgendämmerung und als letztes Vogellied am Abend von der Spitze hoher Bäume herab hören. Die kalten Monate verbringen die meisten Rotkehlchen im Mittelmeergebiet, doch immer mehr überwintern auch bei uns und kommen dann sogar zu den Futterhäuschen ans Fenster. Anhaltender, strenger Kälte mit viel Schnee und Eis sind sie aber nicht gewachsen und gehen dann in großer Zahl zugrunde.
So häufig und bekannt das Rotkehlchen ist, so selten und unbekannt ist das Blaukehlchen. Als ausgesprochener Auwaldvogel hält es sich mit Vorliebe im Weidengebüsch, am Ufer von Altwässern und am Rande verschilfter Tümpel auf. In der Gestalt ähnelt es einem hochbeinigen Rotkehlchen, nur sitzt an Stelle des orangebraunen ein großer, leuchtend blauer Fleck auf Kehle und Brust, der in der Mitte noch einen weißen Stern zeigt. Sein weich geflöteter Gesang ist überaus abwechslungsreich und enthält viele Imitationen anderer Vogelstimmen. Weil es sein Nest gerne am Boden im Gestrüpp versteckt, gerät die Brut bei Hochwasser häufig in Gefahr. Im Winter zieht das Blaukehlchen nach Nordafrika.
Eine nahe Verwandte des Blaukehlchens ist die berühmte Nachtigall, wohl die beste Sängerin unserer heimischen Vogelwelt. Sie wird schon in althochdeutschen Liedern erwähnt, in denen sie „nahtagala", wörtlich übersetzt „Nachtsängerin" heißt. „Vor dem Wald im tiefen Tal, tandaradei, lieblich singt Frau Nachtigall" schreibt Walther von der Vogelweide in seinem berühmten Lindenlied. Seither wurde sie in unzähligen Liedern und Gedichten besungen, ist doch ihr Lied zum Inbegriff des sehnsüchtigen Liebesliedes geworden. Vor allem durch diese Lyrik wurde die Nachtigall in Stadt und Land gleichermaßen bekannt, obwohl relativ wenig Menschen den unscheinbaren, braunen Vogel mit dem rötlichen Schwanz je tatsächlich gesehen und gehört haben. Frau Nachtigall — eigentlich müßte es Herr Nachtigall heißen, denn wie bei den meisten Singvögeln singt nur das Männchen — ist nämlich ein sehr scheuer, äußerst versteckt lebender Vogel. In der Au kommt sie aus dem Dickicht und Unterholz, in dem sie ihr Nest baut, kaum heraus; ihr Futter, meist Würmer und Insekten, sucht sie gerne am Boden. Um ihr Lied aus dem vielstimmigen Frühlingschor tagsüber herauszuhören, muß man schon ein erfahrener Vogelstimmenkenner sein. Während der Brutzeit, von Mai bis Juni, singt nämlich das Männchen mit nur kurzen Unterbrechungen Tag und Nacht, keineswegs ausschließlich in der Nacht. Sein Gesang ist eine Folge von flötenden, schmelzenden und schluchzenden Tönen, die

leise beginnen und zu herrlichem Crescendo anschwellen, das vor allem in der nächtlichen Stille weithin zu hören ist. Hat man einmal eine Nachtigall irgendwo geortet, kann man sie im gleichen Gebüsch immer wieder hören, denn sie ist sehr standortstreu. Nach der Aufzucht von nur einer Brut zieht sie oft schon im August, spätestens im September, in ihr Winterquartier nach Zentralafrika.

Auch der Gartenrotschwanz brütet regelmäßig in Baumhöhlen und Nischen des Auwaldes. Das Männchen ist mit seiner auffallenden, weißen Stirnplatte, schwarzen Wange und Kehle, der rötlichen Brust und dem rostroten Schwanz ausgesprochen attraktiv. Sein Lied ist eine Folge von klingenden und trillernden Tönen, das er gerne von einem erhöhten Punkt aus hören läßt. Von dieser Warte aus jagt er nach vorüberfliegenden Insekten. An dem markanten Schwanzzittern sind auch die unscheinbarer gefärbten Weibchen und Jungen leicht zu erkennen. Eigentümlich ist die Sitzordnung der Nestlinge. In der ersten Phase, knapp nach dem Schlüpfen, sitzen alle Jungen Brust an Brust mit dem Schnabel zur Nestmitte. In der zweiten Phase gerade umgekehrt, mit dem After zur Nestmitte. Ab dem achten Tag bis zum Ausfliegen sitzen sie in Reihen dachziegelartig hintereinander und blicken alle zum Nestausgang. Obwohl er kein besonders guter Flieger ist, kann er eine gewaltige Zugstrekke bis zu 2000 km zurücklegen und dabei Tagesleistungen von 400 km erreichen. Selbst über hohen Berggipfeln, wie etwa der Zugspitze, wurden Zugschwärme von Gartenrotschwänzen beobachtet. Nur ein Teil von ihnen fliegt bis Afrika, viele überwintern schon im Mittelmeerraum.

Natürlich brüten auch die ganz „gewöhnlichen Vögel", wie „Amsel, Drossel, Fink und Star", die jedes Kind kennt, im Auwald. Mit Ausnahme des Stars sind es ganz ausgezeichnete Sänger und ihr Lied ist aus der Melodie der Au nicht wegzudenken. Besonders die weithin klingenden, sich mehrmals wiederholenden Strophen der Singdrossel gehören zu einem milden Frühlingsabend ebenso wie der Duft der aufspringenden Pappelknospen und die Blüten des Schneeglöckchens. Das feierliche Flötenlied der Amsel, meist in den frühen Morgen- und Abendstunden von der Spitze eines hohen Baumes vorgetragen, ist ja selbst dem eingefleischten Städter wohlbekannt. Ursprünglich war die Amsel ein scheuer Waldvogel, später ist sie dem Menschen nachgezogen und lebt nun häufig in Gärten, Parkanlagen, ja selbst in den Hinterhöfen der Großstadt. Amsel und Drossel bauen ihre tiefen Napfnester gewöhnlich in Augenhöhe in einen Astquirl. Das Nestinnere wird mit feuchtem Lehm glatt ausgestrichen. Die Eier sind bei der Amsel trüb blaugrün und braun, bei der Drossel hellblau und schwarz gesprenkelt. Neben Insekten, Würmern und Schnecken nehmen beide Arten, vor allem im Herbst, gerne Beeren an. Mitunter kann man im Auwald neben einem einzelnen Stein eine Anzahl leerer Schneckenhäuser der Baum- und Schnirgelschnecken finden. Das ist ein Futterplatz der Singdrossel oder Amsel, eine sogenannte Drosselschmiede. Da die Vögel nicht imstande sind, die harten Schalen dieser Schnecken zu zerhacken, packen sie sie mit dem Schnabel und hämmern damit so lange gegen einen Stein, bis das Schneckenhaus zerbricht und sein nahrhafter Inhalt herausquillt. Manchmal wird so ein schwer arbeitender Vogel um den Lohn seiner Mühe von einem Artgenossen betrogen, der abseits gewartet hat und dann blitzschnell die eben zerschmetterte Schnecke wegschnappt. Während uns die Singdrosseln Ende September verlassen, um in den Mittelmeerländern zu überwintern, bleiben immer mehr Amseln, vor allem Männchen, ganzjährig bei uns.

Noch manche der kleinen Sänger wären zu nennen, die den Auwald bevölkern, die Ammer und Pieper, die Stieglitze und Spötter, die Schwirle und Schnäpper. Bei einem derartigen Angebot an Wirtsvögeln ist es kein Wunder, daß der Kuckuck, dieser merkwürdige Brutparasit, gerade im Auwald ganz besonders häufig anzutreffen ist. Jedermann weiß von ihm, daß er seine Eier in fremde Nester legt. Nur wenige aber wissen, daß etwa ein von Rotkehlchen erbrüteter Kuckuck seine Eier immer nur in Rotkehlchennester legt und diese in Form und Größe seinen Wirtsvögeln anpaßt. Die Ornithologen sprechen deshalb vom „Rotkehlchen-Kuckuck, Zaunkönig-Kuckuck, Neuntöter-Kuckuck" usw. Unglaublich, daß dieser taubengroße Vogel so kleine Eier legt und diese auch noch in das winzige Nest etwa eines Zaunkönigs hineinpraktizieren kann. Das geschieht allerdings mit dem Schnabel, das Einschlupfloch in das Kugelnest des Zaunkönigs wäre für den großen Vogel viel zu klein. Bei der Gelegenheit entfernt das Kuckucksweibchen meist auch ein Ei des Geleges.

Nicht immer gelingt der Betrug. Manchmal lassen die Wirtsvögel das ganze Gelege im Stich, kommt ihnen dabei etwas verdächtig vor, oder haben sie gar Frau Kuckuck dabei beobachtet. In diesem Fall stürzen sie sich wütend auf sie und gebärden sich wie von Sinnen. Bei Versuchen mit einem ausgestopften Kuckucksbalg bearbeitete ein Laubsängerpärchen erbittert die Attrappe mit Schnabelhieben und kümmerte sich in seiner beispiellosen Erregung überhaupt nicht um den Menschen, der die Attrappe in der Hand hielt.

Haben die Pflegeeltern aber einmal das Kuckuckskind erbrütet, so sind ihre eigenen Jungen fast immer verloren. Der zehn Stunden alte, federlose Kuckuck werkt so lange, bis er Eier oder Nestjunge mit seinen Flügelstummeln erst auf seinen Rücken und dann vollends aus dem Nest befördert hat. Möglicherweise vermissen die Vogeleltern ihre eigenen Jungen, jedenfalls aber ist ihr Fütterungstrieb so übermächtig, daß sie in den aufgesperrten Schnabel des ewig hungrigen Nestlings bis zur völligen Erschöpfung Futter hineinstopfen. Das sieht besonders bei den winzigen Zaunkönigen grotesk aus, die mit dem ganzen Kopf in dem riesigen Schnabel verschwinden. Ihr Kugelnest hat der junge Kuckuck natürlich längst gesprengt und bettelt nun auf einem Ast. Bei den Laubsängern hängen die Reste des soliden Backofennestes dann wie ein Kleid um den Jungkuckuck.

Da sich die Reviere der Kuckucksweibchen überschneiden und sie sich zudem mit verschiedenen Männern einlassen, kann es vorkommen, daß bis zu drei Kuckuckseier von verschiedenen Müttern in ein Nest gelegt werden. In diesem Fall bekämpfen sich die frisch geschlüpften Kuckucke heftig und versuchen sich solange gegenseitig aus dem Nest zu werfen, bis nur einer von ihnen übrigbleibt.

Bei einer so komplizierten Brutbiologie, wie sie der Kuckuck aufweist, kann es natürlich auch einmal zu Pannen kommen. Mitunter schiebt das Kuckucksweibchen sein Ei einem Höhlenbrüter zu, etwa einem Gartenrotschwanz, aus dessen Nisthöhle es dem jungen Kuckuck einfach nicht gelingt, seine Stiefgeschwister hinauszuwerfen. Nach etwa vier Tagen erlischt dann der „Hinauswerftrieb" des kleinen Ungetüms und seine Geschwister werden in diesem seltenen Ausnahmsfall mit ihm zusammen groß, sofern die Eltern genügend Futter heranschaffen können. Während die kleinen Rotschwänze nach zwei Wochen aus der Höhle ausfliegen, erweist sie sich für den Jungkuckuck als Gefängnis, in dem er letztlich verhungern muß, sobald die Pflegeeltern nach etwa drei Wochen das Füttern einstellen. Ebenso ertrinken junge Kuckucke manchmal, die im Nest der Rohrsänger erbrütet wurden, weil sie zu schwer und zu ungeschickt sind, um im Schilfwald zu klettern und dabei ins Wasser fallen. Solche Pannen sind jedoch eher selten, wie das laute „Kuckuck" beweist, das von allen Ecken und Enden der Au ertönt. Immerhin legt die Kuckucksfrau im Jahr ca. 18 Eier, da darf auch einmal ein Mißgeschick passieren. Kuckuckswirte sind übrigens eine Reihe von Singvögeln, doch nicht alle, Amsel und Drossel z. B. nie. Dagegen sind häufige Pflegeeltern Pieper, Rohrsänger, Bachstelzen, Neuntöter, Grasmücken, Rotkehlchen, Zaunkönige, Laubsänger, Rotschwänze und Heckenbraunellen.

Durch seinen Brutparasitismus verhindert unser Gauch bei zweimal brütenden Arten meist auch die nächste Brut, weil das Kuckuckskind die Pflegeeltern länger in Anspruch nimmt, als es die eigenen getan hätten. Wahrscheinlich sind sie auch zu erschöpft für eine zweite Brut, es reicht ihnen für dieses Jahr! Der Kuckuck macht den Schaden, den er damit indirekt dem Wald zufügt — vermindert er doch die Zahl seiner Schädlingsbekämpfer — allerdings wieder gut, weil er die langborstigen, giftigen Raupen frißt, die alle anderen Vögel meiden.

Vernichtet der Kuckuck durch sein untergeschobenes Kind das betroffene Gelege, so ist die langschwänzige, schwarzweiße Elster eine direkte Nesträuberin, die sich und ihre Jungen von den Eiern und Nestlingen der Singvögel ernährt. Nesträuber sind ferner Krähen und Dohlen und auch der hübsche, rotbraune Eichelhäher mit den auffallenden, schwarz-blauen Flügeldecken. Der „Markwart" ist wohl allen Waldspaziergängern durch sein lautes Rätsch-rätsch bekannt, mit dem er jede Störung meldet.

Friedlicher als diese räuberischen Rabenvögel sind die Tauben, die gleich mit vier Arten im Auwald vertreten sind. Die größte von ihnen ist die Ringeltaube, die durch ihre rötliche Brust und die schillernden Halsfedern auffällt. Das verliebte Gu-guh-ru-gu-gu des Täuberichs tönt im Frühling weithin durch die Au. Wie die Turteltaube baut auch sie ein schlampiges, sparriges Reisignest, durch dessen locker gefügte Ästchen man von unten die zwei weißen Eier liegen sehen kann. Das kunstlose Nest und die weißen Eier deuten übrigens darauf hin, daß diese Tauben früher Höhlenbrüter waren und erst spät zu freien Nestern übergegangen sind, deren Bau sie anscheinend noch immer nicht richtig beherrschen. Ausschließlich in Höhlen, manchmal sogar in Erdlöchern und Fuchshöhlen, brütet die blau-graue Hohltaube, wobei der Fuchs angeblich Burgfrieden hält und die brütenden Tauben ungeschoren läßt. Ein Einwanderer aus dem Osten ist schließlich die grau-braune, zierliche Türkentaube, die erst seit 1943 in Österreich brütet, sich aber immer mehr, auch in Großstädten und Siedlungen, ausbreitet.

Als letzter der eigentlichen Auwaldvögel sei noch der Waldschnepfe gedacht, deren Bestand in den letzten Jahren beunruhigend zurückgegangen ist. Die meisten Waldschnepfen ziehen bei uns nur durch und brüten in Nordeuropa und Skandinavien, einige Paare aber bleiben jedes Jahr auch hier und brüten im Auwald. Die Waldschnepfe ist ein ausgesprochen scheuer Vogel, der die Dämmerung liebt. Mit ihrem langen Schnabel sticht sie in den weichen, sumpfigen Boden, spreizt erst in der Erde den Oberschnabel weg und holt sich so die Würmer und kleinen Kerbtiere heraus. Bekannt ist ihr gaukelnder Balzflug in hellen Nächten, während dem das Männchen tiefe, quarrende und hohe, quietschende Töne von sich gibt, in der Jägersprache „murksen" und „pfuitzen" genannt. Ihre Jungen sind Nestflüchter, die von der Mutter allein ausgebrütet und geführt werden. Ihre Sorge um die Brut ist groß! Es klingt beinahe wie Jägerlatein, wenn berichtet wird, daß Waldschnepfenmütter bei Gefahr ihre Jungen zwischen die Füße nehmen und damit fortfliegen. Stöbernde Hunde und Füchse werden auch gerne durch Lahmstellen weggelockt. Überwintert wird im Mittelmeerraum.

Der unbestrittene Reiz des Schnepfenstriches liegt wohl vor allem im

Junge Waldohreule im Nest
Überschwemmte Weidenau — Riedgrasbulten in der Verlandungszone

Zauber der Vorfrühlingsnacht. Vielleicht werden unsere Jäger noch lernen, daß man sie auch ohne zu töten erleben kann, dann hätte der scheue und immer seltener werdende Vogel wieder eine Chance.

Nur eingebürgert ist hingegen der Jagdfasan, dem gegenüber ich allerdings etwas voreingenommen bin. Nicht, daß ich den bunten Fremdlingen ihren Platz in unseren Auen mißgönnte. Aber ich trage ihnen nach, daß ihretwegen von seiten mancher Jäger ,,Aktion scharf" gegen Fuchs und Dachs, gegen Wiesel und Marder, gegen Habicht und Bussard, ja absurderweise sogar gegen Igel und Ringelnatter gemacht wird. Der Fasan ist nützlich, weil eßbar, und das ,,Raubzeug" ist schädlich, weil es ihn auch gerne frißt. Zugegeben, ich esse ihn selber gerne. Seit ich allerdings gesehen habe, wie die Fasane den mit Quecksilber orange-rot gebeizten Saatmais aus den Feldern scharren und fressen — und Mais wird gerade im Auwaldbereich sehr viel gebaut —, wollen sie mir nicht mehr so recht schmecken.

Einer Fasanmutter blieb es vorbehalten, mich in dem farbenprächtigen Federvieh etwas anderes sehen zu lassen als unerwünschte Ausländer oder allenfalls leckere Braten. Es war im Wonnemonat Mai und ich stapfte wieder einmal durch das hochstehende Gras einer schnittreifen Wiese. Eben hatte ich mit dem alten Bauer geplaudert und ihn gefragt, weshalb er mit dem Mähen immer solange zuwarte, bis die Gräser blühten. Ich erzählte ihm dabei vom höheren Eiweißgehalt des Grünfutters vor der Blüte — insgeheim aber dachte ich an meinen Heuschnupfen. Es war ohnedies vergeblich: überzeuge einmal jemand einen alten Bauern! In Gedanken noch bei dem Gespräch, registrierte ich etwas Weiches unter meinem Fuß, aber erst ein paar Schritte weiter durchfuhr mich der Schreck. Um Gottes Willen, ich werde doch nicht auf ein neugeborenes Rehkitz getreten sein! Vorsichtig tastete ich mich zurück, schob mit den Füßen das Gras zur Seite — da lag eine tote Fasanhenne. Sonderbar, wie kam die hierher? Jagdzeit war doch jetzt keine, daß sie etwa angeschossen hier verendet wäre, auch schien sie gänzlich unverletzt. Mit dem Fuß wendete ich sie um, da kamen unter ihr 12 Eier zum Vorschein und alle waren ganz. Die Fasanhenne aber war plötzlich sehr lebendig, duckte sich, lief ein Stückchen von mir weg und flog dann auf. Nicht weit, kaum hatte ich mich vom Nest zurückgezogen, kam sie schon durch das hohe Gras zurückgelaufen und saß wenige Minuten später wieder fest auf ihren Eiern.

Ich aber ging kleinlaut zu demselben Bauern, dem ich keine Viertelstunde vorher hatte einreden wollen, die Wiese früher zu mähen, ging und beschwor ihn, das Gras nur ja möglichst lange stehen zu lassen, weil dort eine Fasanhenne auf ihren Eiern sitze. Und diesmal hatte ich sogar Erfolg. Unbegreiflich aber bleibt mir bis heute, wie es zugegangen sein

Heißland: Versteppung inmitten der Au — Kolbenhirsche im Nebel
Winter in der Au

mag, daß unter meinem Fuß nicht nur die Henne, sondern auch noch die 12 Eier unverletzt geblieben waren.
Wenige Tage später stöberte ich auf einer anderen Wiese abermals eine Fasanmutter auf. Sie hatte ihre frisch geschlüpften Küken um sich versammelt und scharrte nach Ameisenpuppen. Mitten in das Idyll kam ich ahnungslos hineingeplatzt. Die Mutter flatterte hoch, die Kinder verkrochen sich im hohen Gras, erstarrten unbeweglich und waren sogleich unsichtbar. Ein winziges Flaumbällchen hatte sich sogar meinen Stiefel ausgesucht, auf dem es sich flach ausstreckte und totstellte. Mir war gar nicht wohl in meiner Haut, jeder Schritt, jede Bewegung konnte der Tod eines oder mehrerer Fasankinder sein. Deshalb blieb ich stehen, wagte mich weder vor noch zurück. Doch da kam im Bogen die Henne zurückgeflogen, ging vor mir nieder, ließ einen Flügel schleifen und hinkte erbarmungswürdig davon. Das gab es also wirklich! Wie oft hatte ich von der Finte gelesen, mit der Vogeleltern den Fuchs von ihrer Brut fortzulocken versuchen. Nun sah ich sie mit eigenen Augen. Aber ich war kein Fuchs und ich ließ mich auch nicht fortlocken, weshalb die Henne wieder und wieder ihr Manöver wiederholte. Schließlich war sie es leid. Wenige Schritte neben mir landete sie ein letztes Mal, aber nicht mehr gelähmt, sondern wie eine Glucke aufgeplustert und drohend, lockte sie ein paar Mal kurz und zog mit ihren Kindern, die wie auf Entwarnung bei Fliegeralarm reagiert hatten, durch den Graswald davon. In entgegengesetzter Richtung aber entfernte sich eine sehr nachdenkliche Biologin.

VÖGEL DER AUWIESEN UND SÜMPFE

Ganz anders als der geschlossene, unterholzreiche Auenwald sind die weiten, offenen, stellenweise versumpften Auwiesen. Schon Ende Februar, Anfang März können wir hier den Singflug der Feldlerche hören, die im steilen Aufwärtsflug anhaltend trillert. Ebenfalls schon früh, manchmal liegt noch etwas Schnee, kehrt der Kiebitz heim, der in den letzten Jahren öfter anzutreffen ist und heute sogar schon häufig in Getreidefeldern brütet. Der auffallend hübsche Vogel mit dem charakteristisch aufwärts gebogenen Schopf vollführt einen abenteuerlichen Balzflug, bei dem er lautstark sein namengebendes „Kie-witt“ ruft. Im Fliegen sieht er übrigens viel größer aus, als er wirklich ist. Kommt man seinen Eiern zu nahe, die er ohne viele Umstände auf den Boden gelegt hat, geht ein unheimlicher Spektakel los! Immer wieder stürzt sich das Kiebitzpaar mit lautem Quieken und Quarren auf den vermeintlichen Feind, unterstützt von weiteren Kiebitzen, die sich in der Nähe aufhalten, daß einem die Ohren nur so gellen. Nicht nur Fuchs und Wiesel werden auf diese Art vertrieben, auch harmlose Rehe und Hasen, ja Fasane werden so lange attackiert, bis sie um der Ruhe willen gutwillig das Feld räumen. Die jungen Kiebitze, bräunliche, schwarz-weiß gezeichnete Daunenbällchen, verlassen unmittelbar nach dem Schlüpfen das Nest und folgen der Mutter durch den Graswald. Bei Gefahr legen sie sich platt auf die Erde und stellen sich tot.

Zur Zugzeit, Ende Februar, Anfang März, übernachten oft hunderte Kiebitze auf den Schotterinseln und Sandbänken, wo sie vor Füchsen und Mardern sicher sind. Mitten in der Nacht fällt es ihnen dann ein und sie beginnen ein schauriges, unheimliches Konzert, das weit über den nächtlichen Strom tönt: Ki-u-itt! Ki-u-itt! Ki-u-itt! Immer lauter wird das gespenstische Rufen und Schreien, klingt allmählich ab, dann ist wieder Stille, nur die Donau rauscht leise.

Wo versumpfte Wiesen mit verschilften Gräben und weiten Riedflächen abwechseln, klingt in der Dämmerung eines Aprilabends manchmal ein geisterhaftes Meckern auf, das von überall und nirgendwo herzukommen scheint. Das ist der Schwingengesang der Bekassine oder Sumpfschnepfe, die im gewagten Balzflug mit spitzen, gewinkelten Flügeln abwärts stürzt und sich mit gespreizten Schwanzfedern dazu im Kreise dreht. Im starken Luftstrom vibrieren die Federn und erzeugen eigenartig meckernde Laute, die der Sumpfschnepfe den Namen „Himmelsziege" eingetragen haben. Das Trockenlegen der Sümpfe und Aufforsten nasser Wiesen haben ihren Lebensraum sehr eingeengt, der einstmals weit verbreitete Schnepfenvogel wird immer seltener.

Vor allem auf beweideten Auwiesen mit einzel stehenden alten Bäumen und Buschgruppen können wir gelegentlich noch dem beigefarbenen Wiedehopf mit den schwarz-weiß gebänderten Flügeldecken begegnen. Wir erkennen den gar nicht häufigen Vogel leicht an seiner hohen, aufstellbaren Haube. Mit seinem langen, gebogenen Schnabel stochert er mit Vorliebe in alten, vertrockneten Kuhfladen nach Larven, sein Ruf klingt wie ein dumpfes Hupup-hupup. Weibchen und Junge sondern bei drohender Gefahr ein übelriechendes Sekret ab und die Jungen spritzen Angreifern auch bis zu 60 cm weit ihren Kot entgegen. Das hat ihm die üble Nachrede eingebracht, er beschmutze sein eigenes Nest, und ihm außerdem noch zu dem Namen „Stinker" verholfen.

Über den fahlen Riedwiesen ist Ende März ein weiches, melodisches Flöten zu hören, das in ein helles, jubelndes Trillern übergeht: tlaütlaüih-trrrrrauih, der Balzruf des großen Brachvogels. Vom Morgen bis in die Nacht hinein erfüllt er die Gegend mit seinem Geflöte und Getriller, es übertönt das Rufen des Taubers und den Gesang der Lerche. Sogar mitten in der Nacht, wenn der Waldkauz heult, klingt das Liebesgeflöte auf. Hören können wir ihn also zur Genüge, nur sehen läßt sich der vorsichtige Vogel nur von weitem. Etwa wenn er hoch oben am blaßblauen Frühlingshimmel kreist und die Sonne sein Gefieder silbern aufleuchten läßt, oder wenn er zwischen Seggen und Simsen bedächtig herumstelzt und mit seinem langen, gebogenen Schnabel Insekten, Würmer und kleine Schnecken aufnimmt. Nur mit einem guten Glas können wir ihn beobachten, schon auf 300 m fliegt er auf, umrundet uns in weitem Bogen. Beim Brüten wechseln sich die beiden Partner ab, einer hält immer Wache und warnt vor jeder Störung. Wollen wir hoffen, daß sie ihre Brut gut über alle Fährnisse hinwegbringen, denn kostbar selten ist dieser schöne Vogel schon geworden. Wie bei so vielen anderen Tieren auch nützt der persönliche Schutz der Art nur wenig, wenn gleichzeitig ihr Lebensraum zerstört wird.

VÖGEL DER ALTWÄSSER

Vom eigentlichen Auwald rings umgeben und doch völlig von ihm verschieden sind die Auweiher und Autümpel, Heimstatt der Schwimm- und Sumpfvögel. Hier ziehen in wohltuender Verborgenheit und Stille die Wildenten ihre flaumigen Küken groß, die, kaum geschlüpft, schon im Kielwasser der Mutter schwimmen. Hier brütet auch das schieferschwarze Bläßhuhn mit der weißen Stirnplatte, das beim Auffliegen immer erst eine Weile auf dem Wasser läuft, sich bei Gefahr aber eher ins Schilf verdrückt. Es nährt sich vorwiegend von Wasserpflanzen, deshalb hat es sich in den Stauräumen der Donau auch massenhaft vermehrt, weil im stehenden, schmutzigen Wasser des Staubeckens viel mehr Wasserpflanzen gedeihen als vormals im fließenden Strom. Die Bläßhühner reagieren darauf so augenscheinlich, daß man sie geradezu als Indikatoren für Wasserverschmutzung ansprechen kann.
Scheuer als das Bläßhuhn ist das kleinere Teichhuhn mit der roten Stirnplatte, das sich lieber im gut geschützten Altwasser verbirgt, als daß es sich auf den offenen, freien Stausee hinauswagt. Außer Wasserpflanzen nimmt es auch ganz gerne Sämereien und Beeren.
Der auffallendste und schönste Vogel der Altwässer aber ist der beinahe tropisch bunte Eisvogel, ein wahrhaft fliegender Edelstein. Lange Zeit sitzt er regungslos auf einem Pflock und starrt ins Wasser, plötzlich kippt er nach vorne, verschwindet blitzschnell mit angelegten Flügeln in der Flut. Bald darauf taucht er tropfensprühend und mit einem Fischlein im Schnabel wieder auf, nimmt seinen alten Platz am Pflock ein, wirft seine Beute in die Luft und verschluckt sie mit dem Kopf nach vorne. Schon lauert er auf den nächsten. Oder er fliegt mit hellem Pfiff und schwirrendem Flug knapp über die Wasserfläche dahin, während die Sonne sein

prachtvolles Gefieder stahlblau und smaragdgrün, goldgelb und rostrot aufleuchten läßt. Seine Jungen zieht der kleine Königsfischer in einer geräumigen Wohnhöhle groß, die er am Ende einer armlangen Röhre in das kieselige Steilufer eines Altarmes gräbt. Dort sitzen dann die blinden, häßlichen Eisvogelkinder, und damit ihre Eltern in der Dunkelheit der Höhle wissen, wohin sie das Futter stecken sollen, glimmen an ihren Schnäbeln merkwürdige Leuchtwarzen. Schön ordentlich geht die Verteilung vor sich, die Jungen sitzen im Kreis, und nur das am Gang hokkende wird gefüttert; hat es genug, rückt es seitlich weiter und das nächste kommt an die Reihe. So dreht sich das Ringelspiel langsam rundum und alle werden satt.
Im Winter ist dann das Sattwerden für den Eisvogel nicht mehr so einfach. Solange noch ein paar Wasserlöcher offen sind, wagt er sich unter das Eis, aber oft taucht er vergeblich. Die kleinen Fische schlafen verborgen im Schlammgrund, sein Atem reicht meist nicht aus, sie aufzustöbern. Wenn dann strenger Frost die Altwässer mit einer dicken Eisschichte bedeckt, zieht er hinaus auf das offene Wasser des Stromes oder fliegt weit umher an Flüssen und Bächen, bis im Frühling das Eis schmilzt und mit der tausendfachen Fischbrut für ihn die gute Zeit wieder anhebt.

VÖGEL IN RIED UND SCHILF

Am Steilufer des Altarmes neigt der Schneeball seine Zweige tief über den Wasserspiegel. Hier baut der Zwergtaucher sein schwimmendes Nest, das er kunstvoll im eingetauchten Geäst verankert. Beinahe wäre ich daran vorbeigegangen, denn es sah ganz so aus, als hätte das letzte Hochwasser allerhand Treibgut, modriges Laub und Reisig hier angeschwemmt. Nur die fünf weißen Eier, einen Augenblick unbewacht, verrieten das Nest. Wenige Tage später wären die Eier schon in der schlammigen Feuchtigkeit verfärbt gewesen, aber ich wagte mich nicht so schnell wieder hin — zu leicht wird ein nur kurz bebrütetes Gelege im Stich gelassen, fühlen sich die Vogeleltern gestört. Und dann hätte ich beinahe alles verpaßt, denn als ich wieder hinkam, war die kleine Familie schon auf dem Wasser versammelt: Fünf winzige Flaumbällchen ruderten eifrig zwischen den beiden Eltern umher. Hat ein Ast geknackt? Ein kurzer Warnruf, und schwupps tauchten alle unter, kamen erst im schützenden Schilf wieder herauf. Nur ein einziges Federbällchen hatte anscheinend die Richtung verfehlt, mitten im freien Wasser tauchte es auf, paddelte einsam und verloren zwischen den Teichrosenblättern, bis es endlich auch ins Schilf zu den anderen fand.

Der Zwergtaucher, mit nur 27 cm Körperlänge der kleinste unter den Lappentauchern, ist gar nicht selten, aber er lebt sehr versteckt. Allenfalls kann man noch im Frühling seinen hellen, trillernden Balzruf hören. Nur im Winter, wenn er von den zugefrorenen Altwässern auf den offenen Strom übersiedeln muß, bekommt man ihn öfter zu Gesicht, wenngleich er bei jeder Annäherung blitzschnell wegtaucht.
Im Schilfgürtel wetzt der Drosselrohrsänger sein rauhes Lied. Weit her ist es ja wirklich nicht mit seinem Gesang, eher ist es ein Quieken und Knarren, man meint das Rascheln des Rohres und das Quaken der Frösche herauszuhören. Dafür ist er aber ein ganz großer Baumeister, der sogar eine Menge von Statik versteht. Schilfhalme sind die tragenden Elemente seines tiefen, korbförmigen Nestes, kunstvoll bezieht er sie in die Wände seiner Kinderwiege ein, daß kein Sturm ihr etwas anhaben kann. Das wachsende Schilf hebt sie sogar mit sich empor, was dem Rohrsänger nur recht sein kann, entfernt es sich doch damit aus der Gefahrenzone eines immer möglichen Hochwassers.
Eine kleinere Ausgabe des Drosselrohrsängers ist der Teichrohrsänger, im Gesang, Nestbau und in Lebensweise dem großen Bruder sehr ähnlich, nur nicht ganz so streng an das Rohr gebunden, er nimmt notfalls auch mit Weidenbüschen am Ufer vorlieb.
Sind die Rohrsänger mit ihrem lauten Gehaben nicht zu überhören, so lebt noch ein seltsamer, überaus scheuer Vogel im Rohrwald, den man kaum einmal zu hören, geschweige denn zu sehen bekommt: die Zwergrohrdommel. Das erste Mal begegnete ich ihr als halbwüchsiges Mädchen auf einem meiner Streifzüge durch die Au. An einem flachen Altwasser fiel mir ein sonderbares Geschöpf auf, das schnell durch das schlammige Wasser auf mich zugekrochen kam. Ich sah nur den nassen, dunklen Rücken; bevor ich überhaupt erkennen konnte, „weß Art es sei", war es in einem kaum zimmergroßen Schilfbestand verschwunden. Nun war ich natürlich neugierig und suchte systematisch jedes Fleckchen ab, ohne Erfolg. Doch da hing zwischen den Halmen ein fahles Etwas, das ich im ersten Augenblick für einen toten, vertrockneten Fisch hielt, an dem ich aber dann doch zwei höchst lebendige Augen bemerkte, die mich fixierten. Der Leib des Tieres hatte genau die Farbe des dürren Schilfes, Hals und der spitze Schnabel wiesen steil nach oben. Man möge es meiner unerfahrenen Jugend zugute halten, daß ich das merkwürdige Wesen auch noch mit dem Finger antupfte; aber das war ihm dann doch zuviel der Vertraulichkeit. Blitzschnell duckte es sich, lief die paar Schritte aus dem Schilf heraus und flog davon. Staunend erkannte ich, daß ich es mit einem Vogel zu tun hatte.
Natürlich schrieb ich einen haarkleinen Bericht meinem Vater an die Ostfront und war ganz glücklich, als er sie als Zwergrohrdommel identifi-

zierte, noch hinzufügend, daß nur meine genaue Beobachtung solche Ferndiagnose ermöglichte.

Die Zwergrohrdommel, unsere kleinste, heimische Reiherart, ist übrigens auch ein geschickter Kletterer, der papageiengleich auf den Halmen umherturnt. Die oben beschriebene Pfahlstellung, die sie bei Gefahr einnimmt, ist ihre klassische Tarnhaltung, in der sie beinahe unsichtbar wird.

Viel seltener als die Zwergrohrdommel ist ihre Verwandte, die Große Rohrdommel. Wegen ihres brüllenden Rufes, den sie abends und nachts erschallen läßt und der kilometerweit zu hören ist, wird sie auch Moor- oder Riedochse genannt. Üu-prump, üi-prump klingt es schauerlich dumpf, als käme der Schrei unter Wasser hervor. Mit der Zwergrohrdommel hat die große Schwester die Pfahlstellung bei Gefahr gemeinsam, nur läßt sie sich nicht gutwillig angreifen, sondern verteidigt sich mit Schnabelhieben und Stichen. Sie ist überhaupt ein großer Räuber: alles, was sie erwischen kann, wird verschlungen.

Gelegentlich tönt aus dem Rohrdickicht ein lautes Grunzen und Quieken, wer aber glaubt, ein Wurf Frischlinge halte sich darin versteckt, der irrt. Es ist die scheue Wasserralle, die so eigenartige Töne hervorbringt. Zu sehen bekommt man sie am ehesten vom Boot aus, wenn sie mit wippendem Schwänzchen über die Schlammbänke der flachen Ufer läuft und mit langem, rotem Schnabel nach Insekten stochert. Ihr Nest baut sie knapp am Wasser im dichten Schilf und schleicht sich so heimlich zu ihm hin, daß kaum ein Halm bewegt wird. Sind die Jungen aufgezogen, ziehen die Rallen im Herbst in die Mittelmeerländer, nur ab und zu überwintert eine bei uns.

VÖGEL AM STROM

Abgesehen von den vielen Wintergästen, die in der kalten Jahreszeit die Sandbänke, Inseln und Stromufer bevölkern, hat sich noch eine Reihe weiterer Vögel den Strom und seine unmittelbare Umgebung zur Heimstatt und zum Brutplatz erkoren. Zu ihnen gehört die zierliche Bachstelze, die nicht nur an Bächen, sondern gerne auch in Dörfern und Siedlungen brütet. An der Donau sucht sie vor allem den Spülsaum des Wassers nach kleinen Kerbtieren ab, läuft auf langen, schlanken Beinen und mit charakteristisch wippendem Schwanz auf den Schotterbänken auf und ab und fliegt im bogenförmigen Flug davon. Auch die seltenere Gebirgsstelze, mit der auffallend schwefelgelben Unterseite, sucht sich ihre Nahrung am Ufer des Stromes und baut ihr Nest in Uferböschungen und unter Brücken.

Bezeichnend für das Stromufer ist ferner der zierliche Flußuferläufer, der nur für drei kurze Sommermonate zu uns kommt, um hier eine Brut großzuziehen, bevor er sich wieder auf die weite und gefahrvolle Reise nach dem Süden begibt. Jedem Stromwanderer ist der kleine, graubraune Vogel sicher schon aufgefallen, der mit schrillen Hidididi-Pfiffen ganz tief über dem Wasser wegfliegt, dabei seine weißen Flügelbinden zeigend. Unermüdlich sucht er auf Schotterbänken zwischen dem Schwemmgut und im seichten Wasser nach Genießbarem. Selbst im Sitzen kann er nicht ganz stillhalten, dann schaukelt er wenigstens auf den Fersen vor und zurück. Für sein Nest scharrt das Weibchen auf einer sandigen Stelle der Weideninsel, gut gedeckt im Gebüsch, eine flache Mulde und legt die vier haselnußgroßen Eier hinein. Die Küken sind Nestflüchter und stolpern bald hinter der Mutter drein, nähren sich von winzigen Schneckchen, die ihnen die Alte vorlegt und legen sich bei Gefahr einfach flach auf die Erde. Sie sind dann von einem Kiesel nicht zu unterscheiden.
Nicht wegzudenken von den Schotterbänken, Inseln, Buhnen und Leitwerken sind auch die Flußseeschwalben und die Lachmöven, die beide in Kolonien brüten und sich von kleinen Fischen, Insekten und eßbarem Treibgut nähren. Gemeinsam ist ihnen ein eleganter, gewandter Flug und durchdringende, kreischende Stimmen. Dabei sind sie nicht einmal näher miteinander verwandt, obwohl der überwiegend weiße Körper mit dem dunklen Kopf (bei den Flußseeschwalben ist es nur ein Fleck auf dem Kopf) zur Verwechslung verleiten. Zumindest an ihrem tief gegabelten Schwanz aber ist die Flußseeschwalbe gut von der Lachmöve zu unterscheiden.
Noch vor 20 Jahren war auch der Kormoran geradezu ein Charaktervogel der Stromlandschaft. Zu Hunderten brüteten die großen, schwarzen Vögel in den Donauauen, tauchten nach Fischen oder saßen auf den unbewachsenen Schotterbänken wie die leibhaftigen Wappenvögel, wenn sie ihre nassen Flügel zum Trocknen abspreizten. Heute brüten keine Kormorane mehr an der österreichischen Donau. Die Brutkolonien wurden teilweise zerstört oder gingen sonstwie verloren, auf den Abschuß der Altvögel wurden in Einzelfällen sogar Prämien ausgesetzt. Zur Zugzeit kann man Kormorane an der Donau unterhalb Wiens noch in Scharen sehen, und gelegentlich kommen auch Sommergäste bis an die oberösterreichische Donau herauf, tauchen im strömenden Wasser nach Fischen und trocknen sich an ihren alten Rastplätzen die Flügel. Obwohl ausgesprochene Schwimm- und Tauchvögel, können sie ihr Gefieder nicht wasserdicht einfetten, werden deshalb bis auf die Haut naß und müssen es unentwegt trocknen. Sie liegen beim Schwimmen auch viel tiefer eingetaucht im Wasser als etwa Enten und Gänse. Vielleicht wer-

den sich die schwarzen Gesellen doch wieder bei uns ansiedeln, wenn sie merken, daß ihnen nicht mehr nachgestellt wird.

DIE REIHERINSEL

Weit hinten in der Hollerau, jenseits des großen Stroms und abseits von Straße und Siedlung, liegt die Brutkolonie der Graureiher. Jahrzehnte ist es her, seit ich das erste Mal mit meinem Vater hier stand, aber immer noch klopft mir genauso das Herz, sobald ich unter den alten Bäumen stehe und zu den Horsten hoch oben in den Baumkronen hinaufschaue.
Auch ohne Reiher wäre dieser Aubestand sehenswert. Von Altwässern der Naarn teilweise umschlossen und nur schwer zugänglich liegt eine Wildnis vor uns, in der seit Menschengedenken kein Baum geschlagen, keiner gepflanzt wurde. So ist ein kleiner Urwald entstanden, in dem vom Sturm gefällte Baumriesen kreuz und quer durcheinander liegen, in dem Lianen ranken und Kraut und Unkraut üppig durcheinander wuchert. Unter den Horsten, die zu dritt und sogar zu viert in den wipfeldürren Schwarzpappeln sitzen, ist der Boden weißgekalkt von den Exkrementen der großen Vögel, zerbrochene Eischalen und tote Fische liegen herum, Schmeißfliegen summen, es riecht penetrant nach Verwesung.
Aber wer achtet schon auf Gestank und Unrat, der immer wieder prasselnd durch die Äste fällt, wenn 20 m oberhalb Dutzende von Jungreihern in den Horsten sitzen, schimpfend und plaudernd, keckernd und kreischend und vor allem so nahe, wie man niemals sonst einen Reiher zu sehen bekommt! Glaube nur nicht, du könntest dich an einen Reiher heranpirschen! Lange bevor du ihn siehst, hat er dich entdeckt, und es hängt ganz allein von ihm ab, wie weit er dich herankommen läßt. Höchstens vom Faltboot aus gelingt es manchmal, einen der grauen Fischer zu überraschen, wenn das Boot lautlos hinter einer Buhne hervorgleitet.
In der Kolonie ist das anders. Aus Sorge um ihre Brut widerstehen die Altvögel dem Drang, auf und davon zu fliegen, so schwer es sie auch ankommen mag. Aufgeregt kreisen sie um die Baumkronen und die Luft ist erfüllt vom Schlagen der großen Schwingen, von ihren rauhen Alarmrufen. In einigen Horsten sitzt noch ein verspätetes Weibchen auf den Eiern, das sich jetzt tief in die Nestmulde duckt. In den meisten aber steht der Nachwuchs schon recht kräftig auf eigenen Beinen, balgt sich spielerisch, reißt ganz gefährlich den roten Rachen auf und es ist nur erstaunlich, daß die langbeinigen Geschöpfe dabei nicht das Gleichgewicht verlieren und in die Tiefe stürzen.
Es fällt uns auf, daß die Kinder einer Brut recht unterschiedlich entwik-

kelt sind. Das kommt daher, daß Frau Reiher sofort beim ersten Ei zu brüten beginnt. So bleibt das Gelege nie allein, ist wohlgeschützt vor räuberischen Krähen, dafür sind allerdings die Geschwister ungleich alt. Daher kann es sein, daß das Jüngste noch recht babyhaft in der Nestmulde hockt, während das Älteste schon vorwitzig aus dem Horst herausgestiegen ist, im Geäst herumklettert und nach den Eltern Ausschau hält. Ihren Anteil an Futter bekommen wohl alle, sonst hätte sich diese Art der Aufzucht nicht bewährt. Vom pausenlosen Betteln der Jungen angelockt, beginnen die Altvögel vereinzelt wieder Futter heranzutragen. Mit lauten Rufen signalisieren sie ihre Ankunft, und das Kreischen und Knurren, Keckern und Pfeifen der Kinder steigert sich zum Spektakel. Die Landung auf dem Horst ist kein einfaches Manöver, dabei erinnern die herabhängenden Beine des Reihers komisch an das ausgefahrene Fahrgestell eines Flugzeuges. Ein letzter Schwingenschlag, dann werden die großen Flügel zusammengefaltet, und der Altvogel steht im Horst, umringt von seinen gierenden Jungen. Nun gilt es, die erbeuteten Fische und Frösche wieder herauszuwürgen, und es ist erbarmungswürdig, wie sehr er sich dabei plagt.

Einmal sah ich, wie ein Reiher einen besonders sperrigen Brocken herauswürgte. Deutlich konnte ich den Weg der Atzung an den gesträubten Federn seines langen Halses verfolgen, bis endlich oben beim Schnabel ein Maulwurf herauskam. Seither weiß ich auch, warum es in der Redensart heißt: „Er speibt wie ein Reiher."

Eine Zeit lang herrscht Ruhe im Horst, solange, bis die nimmersatten Nestlinge die schleimige, anfangs wohl auch vorverdaute Atzung verschlungen haben, aber bald geht das Gezeter in unverminderter Lautstärke wieder los. Noch ein paar Wochen und die Jungreiher beginnen mit den Flugübungen. Flügelschlagend stehen sie im Horst und probieren immer wieder mit kleinen Luftsprüngen aus, ob die Schwingen sie schon tragen. Bald ist es soweit. Dann lauern sie auf überschwemmten Wiesen und am Rande seichter Lacken und lernen durch blitzschnelles Zustoßen mit dem langen, spitzen Schnabel ihre Beute zu fangen. Der Umfang des so angerichteten Schadens wird dabei allerdings meist weit überschätzt.

Otto König, unbestrittener Fachmann für Reiher, hat herausgefunden, daß ein erwachsener Graureiher pro Tag 33 dkg Beute verschlingt. Davon sind aber nur zwei Drittel meist minderwertige Oberflächenfische, 10 bis 20 cm lang, ein Drittel besteht aus Insekten, Fröschen, Mäusen und Schlangen. Das Einzugsgebiet eines Reihers reicht außerdem 25 km im Umkreis, sodaß sich der Schaden verteilt. Da gerade kranke Fische an der Oberfläche schwimmen, ist die Rolle des Reihers als Gesundheitspolizei nicht zu übersehen.

Wir sollten den grauen Gesellen die paar Fische guten Willens vergönnen! Wir sollten sie als ein letztes Überbleibsel der charakteristischen Fauna unserer Stromlandschaft hüten und hegen. Tatsächlich sind sie nicht einmal theoretisch geschützt. So gleichmütig, ja lethargisch Öffentlichkeit und Fischereiverbände hinnehmen, daß durch Abwässer immer wieder Millionen Fische samt Kindern und Kindeskindern vergiftet werden, so beuteneidisch verfährt man mit den grauen Wildfischern. Graureiher sind im Umkreis von Salmonidengewässern buchstäblich vogelfrei! Da jeder Bach als solcher gelten kann, steht dem willkürlichen Abschuß Tür und Tor offen. Aber nicht nur der Einzelvogel wird verfolgt und gejagt, sondern ganze Kolonien fallen der Technik zum Opfer. Mit der urtümlichen Au an der Ennsmündung, die beim Bau eines Kraftwerkes gerodet wurde, verschwanden auch die Reiher und Kormorane, die dort jahrzehntelang gebrütet hatten. Der Ausbau der Staustufe Ottensheim an der Donau bedeutete die Vernichtung der berühmten Kolonie bei Goldwörth. Wo die Reiher hingekommen sind, bleibt ungewiß. Die moderne Forstwirtschaft läßt die Bäume selten so alt und so hoch werden, daß sie sich als Horstbäume eigneten. Bisher wurde jedenfalls keine neue Kolonie gemeldet. So ist unsere Reiherkolonie in der Hollerau die letzte in Oberösterreich. Seit Menschengedenken genießen sie hier Heimstatt und Wohnrecht, es geschieht ihnen kein Leid. Aber Reiher fliegen weit! Irgendwo kommen sie doch einem Schützen in die Quere, der glaubt, sein um ein paar Schilling erworbenes Fischrecht gegen das viel ältere Naturrecht der Reiher mit Schrot verteidigen zu müssen. Oder der nur einfach ein Exemplar dieser schönen Vögel ausgestopft über seinen Kamin hängen haben will. Und nächstes Jahr stehen wieder ein paar Horste leer . . .

Nur mehr als Gäste kommen ohnedies die blendend weißen Silberreiher in die Donauauen. Meist sind es Jungvögel, die von ihrem Brutgebiet am Neusiedler See herüberfliegen, um in den Altwässern zu fischen. Da sie noch für keine Familie zu sorgen haben, können sie unbeschwert durch das Land vagabundieren. Auch der kleinere Purpurreiher, der ausgedehnte Schilfbestände liebt, kommt gelegentlich auf Besuch.

Die große ornithologische Kostbarkeit ist jedoch der scheue Schwarzstorch, der in den Marchauen, besonders im Niemandsland hinter dem Eisernen Vorhang brütet und von dort aus seine Streifzüge auch in die Donauauen unternimmt. Sein Gefieder ist schwarz mit grünlichem Schimmer, nur die Unterseite ist weiß. Schnabel und Beine sind wie bei seinem bekannten weißen Vetter kräftig rot. In letzter Zeit sieht man den beinahe ausgestorbenen Vogel wieder öfter.

VON DEN GREIFVÖGELN DER AULANDSCHAFT

Bei so vielen fliegenden, laufenden und schwimmenden Beutetieren ist es nicht verwunderlich, daß auch die Greifvögel in der Aulandschaft besonders zahlreich vertreten sind. Noch vor wenigen Jahren brütete sogar der Seeadler vereinzelt in unseren Donauauen, heute kann man den mächtigen Vogel leider nur mehr als Wintergast beobachten. Er lebt dann meist von angeschossenen Wildenten, denen sein sicherer Raubtierinstinkt die Behinderung anmerkt.

Erfreulich häufig ist dagegen der Mäusebussard, dessen gedehntes, miauendes Rufen auch dann seine Anwesenheit verrät, wenn man sein charakteristisches Flugbild hoch oben am Himmel sonst übersehen würde. Die Beutetiere des Bussards sind Mäuse und Schlangen, Lurche und Junghasen, er geht auch an Aas. Immer stimmt es mich froh und sehnsüchtig zugleich, wenn ich den kreisenden Bussarden zusehe, die sich im Aufwind höher und höher schrauben, bis sie schließlich nur mehr als winzige Pünktchen am Sommerhimmel zu sehen sind.

Dem Bussard ähnlich, nur mit breiteren, abgerundeten Schwingen und längerem Stoß, ist der Habicht, der kühnste und schnellste unter den Greifen. Vom Fasan bis zur Meise, von der Maus bis zum Hasen ist nichts vor ihm sicher, er schlägt sie aus der Luft und auf dem Boden und jagt die Haushenne noch vor der Türe des Bauernhofes. Deshalb wurde er sehr verfolgt, und da für manche Jäger Bussard gleich Habicht gilt, der Bussard gleich auch noch dazu. Für die Bauern ist ja jeder Raubvogel ein „Geier", der abgeschossen werden sollte. Da alle Greifvögel als Endverbraucher in der Nahrungskette auch unter den Pestiziden am stärksten zu leiden haben, geht ihr Bestand bedrohlich zurück. Trotzdem sind sie bei uns noch immer nicht vollkommen geschützt, wie längst in der Schweiz und in Deutschland.

Wie ein kleiner Bruder des Habichts sieht der Sperber aus, der auch ein ebenso tüchtiger Jäger ist, der niemals an Aas geht. Meist kommt er niedrig über den Baumkronen daher und vollführt einen Überraschungsangriff, er verfolgt kleine Singvögel bis ins Gestrüpp hinein und Mäuse bis in die Scheunen. Wie bei allen Greifen ist das Sperberweibchen größer als das Männchen. Bei den Sperbern ist der Unterschied sogar recht erheblich, man könnte die Ehepartner für zwei verschiedene Arten halten. Bei der Aufzucht der Jungen teilen sie sich die Arbeit, das Männchen trägt eifrig Beute heran, das Weibchen zerteilt sie und legt sie den Jungen vor. Geht einer der Partner zugrunde, kommt die Brut um, weil jeder auf seine Aufgabe so spezialisiert ist, daß er die des anderen nicht übernehmen kann. So bringt etwa das Männchen weiterhin Beutetiere an den Horst, ist aber nicht imstande, sie „schnabelge-

recht" zu zerlegen, und die Jungen müssen „bei voller Schüssel" verhungern.
Ein ganz typischer Greifvogel des Auenwaldes ist der Schwarze Milan. Schon im März kommt er aus dem Süden zurück und läßt sein wieherndes „Hiäh-hihihi" hören. Seinen Horst baut er gerne hoch oben in die Krone schlanker Eschen, wenn möglich benützt er ein Krähennest dazu als Unterlage. Zur Brutzeit können wir an den Beuteresten, die fliegenumschwärmt unter seinem Horst liegen, seinen ganzen Speisezettel ablesen. Rückenwirbel von Hasen und Kaninchen, Flügel von Haushühnern, Fischstücke, ausgeknabberte Wieselbälge. Frösche und Mäuse verschlingt er meistens ganz. Weil er gerne an der Oberfläche treibende, halbtote oder tote Fische aufnimmt, kommt er heutzutage oft in Gefahr, sich daran zu vergiften. Manche Milane haben sich darauf spezialisiert, anderen Greifen ihre Beute abzujagen und leben dann bequem vom Fleiß der anderen. Berühmt ist der Milan für seinen Paarungsflug, bei dem Männchen und Weibchen sich scheinbar angreifen und ineinander verkrallt zur Erde trudeln. Erst knapp oberhalb des Bodens lösen sie sich, steigen ruckweise wieder empor und wiederholen das Spiel.
Ein sehr seltener Brutvogel in den östlichen Auenwäldern ist der Würgfalke. Weil er schneidig auch weit größere Vögel angreift, etwa Wildenten und Fasane, ist er im Osten als Beizvogel sehr geschätzt.
Gleichfalls nur mehr selten brütet die Rohrweihe in dichten Schilfbeständen. Wenn sie niedrig über das Schilf dahinstreicht, ist kein Bläßhuhn, kein brütender Teichrohrsänger vor ihr sicher; sie frißt aber auch Frösche und Mäuse, Schlangen und Fische.
Von den Nachtgreifen kommen vor allem Waldkauz und Steinkauz häufig in der Au vor. Besonders der Waldkauz führt von Jänner bis März, aber auch in lauen Sommernächten, einen ohrenbetäubenden Spektakel auf mit gellenden Kju-witt-Rufen und langgezogenem, vibrierendem Huhuhuhuuuu-Geheule. Der durchdringende Kju-witt-Ruf des viel kleineren Steinkauzes klingt ähnlich, nur heult er niemals. Beide Käuze sind eifrige Mäusevertilger, die mit Hilfe ihres ausgezeichneten Gehörs auch in der Dunkelheit jagen können. Außer Mäusen und Ratten fressen sie Kleinvögel und größere Insekten. Da ihre Jungen die Bruthöhle schon verlassen, ehe sie voll befiedert und flugfähig sind, werden sie oft von Spaziergängern aufgelesen und als scheinbar verwaist mit nach Hause genommen. Tatsächlich suchen sich die Euleneltern in der nächsten Nacht ihre Kinder nach ihren Bettelrufen wieder zusammen, auch wenn sie unternehmungslustig ein Stück fortgewandert sind. Früher galt der Steinkauz, dessen Kju-witt-Ruf als „komm mit" gedeutet wurde, als Totenvogel und war abergläubischen Verfolgungen ausgesetzt. Um das Unheil abzuwehren, nagelte man den Steinkauz mit ausgebreiteten Flügeln an das

Scheunentor. Das ist zum Glück vorbei, alle Eulenvögel stehen unter strengem Schutz.
Eine rein nächtliche Jägerin und deshalb schwer zu beobachten ist auch die Waldohreule, die man an ihren steil aufgestellten Federohren erkennen kann. Im Gegensatz zu den Käuzen ist sie nicht auf Baumhöhlen angewiesen, sondern brütet in alten Krähen- oder Elsterhorsten, gelegentlich sogar auf dem Boden. Die bettelnden Rufe der Jungen hören sich beinahe wie das Fiepen eines verlassenen Rehkitzes an. Geht man den kläglichen Rufen nach, so entdeckt man mit etwas Glück ein flaumiges Eulenkind, das einen aus kreisrunden, gelben Augen ernsthaft ansieht.
Wer die nächtlichen Minnesänger, deren Liebeslieder für uns zugegeben eher schaurig als schön klingen, einmal näher beobachtet, kann sie nur mehr liebenswert und sympathisch, höchstens noch komisch finden. Sie haben eine ausgeprägte Mimik, verneigen und verbeugen sich voreinander, verdrehen die Hälse, daß man es in der Wirbelsäule knacken zu hören glaubt, plustern sich auf ihr doppeltes Volumen auf oder fliegen auf samtweichen Schwingen davon.
So bietet die Aulandschaft dem Vogelfreund zu jeder Jahreszeit, ja, zu jeder Tages- und Nachtzeit eine Fülle von Eindrücken, Gelegenheit für die unterschiedlichsten Beobachtungen. Hätten wir sonst keine Gründe, allein als Refugium für die Vogelwelt müßte die Au erhalten bleiben!

DAS GESCHENK DES ZAUNKÖNIGS

Eine der schmerzlichsten Erfahrungen meiner Kindheit war, daß Reh und Hase, Vogel und Maus in Panik vor mir flohen, obwohl ich es doch so gut mit ihnen meinte, sie nur zärtlich streicheln, füttern, liebhaben wollte. Anfangs lief ich ihnen verzweifelt nach, meine gute Absicht laut beteuernd, und nur allmählich begriff ich, daß wir alle, ohne Ausnahme, für die Tierwelt das Kainszeichen auf der Stirne tragen.
Erschütternd kam mir dies wieder beim großen Hochwasser im Jahre 1954 zum Bewußtsein. Vor der großen Flut hatte sich ein Rudel Rehe auf einem Rettungshügel zusammengefunden, aber das Wasser stieg immer noch weiter und drohte die letzte Zufluchtsstätte zu überschwemmen. Deshalb wagten sich ein paar Förster mit dem Boot in die Au, um die erschöpften Tiere von ihrem ausweglosen Platz zu bergen. Obwohl die Rehe schon bis zum Bauch im Wasser standen, zogen sie es vor, bei Annäherung des Bootes in die gurgelnden Fluten zu springen, vertrauten sich lieber der unbarmherzigen Naturgewalt an als dem Menschen.
Ein einziges Mal in meinem Leben schlug ein junger Zaunkönig für mich

die Brücke von Geschöpf zu Geschöpf, ließ mich in seiner unerfahrenen Unschuld teilhaben am lang verlorenen Paradies.
Der Zaunkönig gehört zum typischen Ensemble der Auwaldvögel. Besonders in Ufernähe ist er häufig anzutreffen, wenn er, eher einem Mäuschen als einem Vogel gleich, durch die Brombeerranken schlüpft und selbst im Winter unbekümmert um Schnee und Frost sein keckes Lied singt. Auch sein Kugelnest, ein Meisterwerk der Vogelarchitektur, fand ich wiederholt im niedrigen Gebüsch, einmal sogar unter einer ausgewaschenen Erlenwurzel und voll winziger Zaunprinzen.
Meine schönste Begegnung mit ihm aber begab sich an einem strahlenden Frühlingstag, ein Jahr nach Kriegsende. Ich war damals 19 Jahre alt und sehr traurig. Meine Freundinnen waren zu einem Heimkehrerkränzchen tanzen gegangen, mir aber war nicht nach tanzen zumute, denn weder Vater noch Bruder waren heimgekehrt. Kummer und Leid habe ich, ebenso wie Glück und Freude, zeitlebens in den Wald getragen. Deshalb lief ich auch damals wieder auf dem schmalen Steig zwischen Strom und Au, ohne allerdings viel von der Herrlichkeit des Maientages zu gewahren. Da flog vor mir aus dem Ufergebüsch ein Schwarm kaum flügger Zaunkönige auf und wandte sich gegen den Strom. Vor der großen Wasserfläche muß ihnen bange geworden sein, denn sie schwenkten zum Ufer zurück. Einer von ihnen, den seine kurzen Flügel wohl kaum mehr weiter trugen, suchte sich ausgerechnet meinen Kopf als Rastplatz aus. Im Gebüsch lockten und schimpften die besorgten Eltern, mein kleiner Gast aber machte es sich in meinen Haaren erst einmal bequem, trippelte und scharrte ein bißchen und kuschelte sich dann doch richtig nieder, sodaß ich die Wärme des flaumleichten Körperchens fühlen konnte. Minutenlang stand ich wie ein Baum, durchströmt von einem ganz großen Glücksgefühl. Dann hatte sich der kleine Kerl genug ausgeruht und flog endlich zu seinen, nun schon ärgerlich zeternden Eltern.

Lebensgemeinschaft Auwald

Schon einem oberflächlichen Beobachter, etwa einem Schiffsreisenden auf der Donau, fällt der Auwald, der die Flachufer säumt, als etwas Besonderes auf, als ein Wald, der so ganz anders ist als die gewohnten Laub- oder gar Nadelwälder. Sogar ein eigenes Wort wurde dafür geprägt, das aus dem Mittelhochdeutschen stammt, „die „Au", was einfach Wasser bedeutet. Treffender hätte man diesen flußbegleitenden Wald nicht benennen können, denn das Wasser ist sein entscheidendes Lebenselement, dem er seine ganze, abweichende Eigenart verdankt: Wasser in verschiedenster Form prägt die Au.

An erster Stelle steht das lebensspendende Grundwasser, das in einem breit gefächerten, unterirdischen Strom dahinfließt. Es ist das unerschöpfliche Reservoir sauerstoffreichen Wassers, in das die Wurzeln der Bäume und Sträucher tauchen, das ihnen selbst bei anhaltender Trokkenheit noch üppiges Wachstum erlaubt. Über den eigentlichen Grundwasserhorizont steigt es in sandigen und schlickigen Böden noch hoch hinauf, und nur eine Schotterbank kann diesen Kapillarstrom unterbrechen.

Zum Grundwasser kommen die immer wiederkehrenden Überschwemmungen, die nährstoffreiche, düngende Ablagerungen hinterlassen, sandige Böden gründlich durchtränken und die Altwässer neu beleben.

Als Luftfeuchtigkeit schließlich hüllt das Wasser die Au in einen Mantel aus feinsten Wassertröpfchen. Die vielen großen und kleinen Wasserflächen und vor allem die überwältigende Vielzahl transpirierender Blätter bedingen eine Wassersättigung der Luft, die im Sommer 98 Prozent erreichen kann. Die Au ist dann ein einziges, schwüles Treibhaus, dessen Decke von den gewölbten Kronen der Bäume, dessen Wände von den dicht wuchernden Sträuchern des Waldrandes erbaut werden. Im Inneren dieses Treibhauses herrscht vollkommene Windruhe, denn tausend- und abertausendfach wird jede Luftbewegung von den biegsamen Zweigen und Ranken zum Stehen gebracht.

Der Boden des Auwaldes schließlich gleicht einem Acker, der regelmäßig gedüngt und bewässert wird. Wohl sind die jungen Anschwemmungen noch unreif und relativ arm an Humus, dafür aber mineralstoffreich, vor allem werden seine Nährstoffe durch die abgelagerten Schlamm- und Schlickschichten immer wieder ergänzt. Optimale Wasserversorgung im Wurzelraum, Nährstoffreichtum, Luftfeuchtigkeit und Windstille begründen denn auch die beinahe tropische Vitalität und Fruchtbarkeit, die urwaldartige Üppigkeit der Au.

An einem reich gedeckten Tisch stellen sich viele Gäste ein. So ist es kein

Wunder, daß der Auwald zu den artenreichsten Lebensgemeinschaften in unseren Breiten zählt. Viele tausend Lebewesen beherbergt er, Räder und Rädchen eines wunderbaren Getriebes, Glieder einer endlos langen, unabsehbaren Kette. Davon sind die augenfälligsten und größten Vertreter die Bäume, von denen jeder für sich ein Individuum ist, eine Persönlichkeit mit wechselvollem Schicksal. Nicht minder wichtig aber sind die Kleinen und Allerkleinsten, die Regenwürmer und Käfer, die Milben und Springschwänze und gar die Bakterien, die zu Millionen ein Gramm Walderde bevölkern und deren Dasein und Tätigkeit die Au erst lebensfähig und fruchtbar macht. Dazwischen drängen sich so viele andere, Bedeutende und scheinbar Unwichtige, Aufbauer und Zerstörer, Wirte und Schmarotzer, und alle zusammen machen erst die Lebensgemeinschaft des Auwaldes aus.

Da sind vor allem die Sträucher zu nennen, jene kleinen Brüder der Bäume, gleichsam die Bodentruppe des Waldes. Ihr Schicksal ist es, im Schatten der Großen zu leben, deshalb drängen sie sich auch dort am dichtesten zusammen, wo ihnen wenigstens von einer Seite mehr Licht zuteil wird. An den Waldrändern bauen sie eine fast undurchdringliche Mauer auf, einen dichten Mantel gegen Wind und Sonne, der den Bestand feucht und windstill hält. So bleibt auch die Kohlensäure, die aus den Moderprozessen im Boden frei wird, im Inneren des Waldes und wird sogleich von den tausendfach grünenden Blattflächen wieder assimiliert.

Eine Etage weiter unten und wir sind bei den Stauden und Kräutern, bei den Gräsern, Farnen und Moosen angelangt. Immer weniger Licht bleibt für sie übrig, und allerlei Listen und Finten haben sie zu brauchen gelernt, um damit auszukommen. Schneeglöckchen und Bärlauch, Schlüsselblume und Blaustern beeilen sich sehr, um zeitig im Frühling ihre Blüten zu entfalten, bevor Bäume und Sträucher sich belauben und die grüne Dämmerung sich um sie schließt. Andere sind genügsam genug, um mit geringen Lichtmengen auszukommen. Gräser mit schlaffen, hellgrünen Blättern, Seggen und Simsen führen ein bescheidenes, unbeachtetes Dasein.

Das Licht ist der Minimumfaktor im nährstoffreichen und feuchten Auwald. Deshalb geben sich die besonders sonnenhungrigen Lianen nicht mit dem zufrieden, was die Großen für sie davon übriglassen. Auf der Suche nach einem Ausweg aus der grünen Dämmerung sind sie darauf verfallen, an den Stämmen der Bäume hochzuklettern, bis hinauf in die luftigen und lichten Kronen. Die armdicken Lianen der Waldrebe ranken sich bis in die Wipfel der höchsten Bäume, umspinnen sie oftmals mit einem dichten Geflecht und breiten in 20 m Höhe erst ihre Blätter, entfalten ihre Blüten. An Waldrändern und in offenen Beständen können sie auf diese Art den Bäumen sogar gefährlich werden, weil sie im Verein mit dem

Schneedruck im Winter die Äste niederziehen und abbrechen. Harmloser gibt sich der Efeu, der lange Zeit selbst im tiefsten Waldesschatten am Boden dahinkriecht. Erst wenn er einen Stamm als Stütze gefunden hat, klettert er unverdrossen daran hoch. Er läßt sich viel Zeit dabei, und es kann Jahre dauern, bis er endlich die Baumkrone und damit das Licht erreicht. Dann ist er auf einmal wie verwandelt, treibt anstelle der dunkelgrünen, dreilappigen Schattenblätter hellgrüne, große und ungeteilte Lichtblätter. Schließlich beginnt er eines Tages im Herbst mit tausend unscheinbaren grünen Doldchen zu blühen, eifrig umschwärmt von den Bienen, die die späte Nektarquelle zu schätzen wissen. Wenn dann im nächsten Frühjahr die dunklen Beeren reifen, sorgen die gefräßigen Amseln schon für deren Verbreitung.
Rascher und zierlicher windet sich der Hopfen an den schlanken Stämmen der Erlen und Eschen hoch, jedes Jahr vom Boden neu austreibend. Er erreicht wohl nicht die Höhe der Waldrebe, sondern mischt seine weinlaubähnlichen Blätter und seine würzig riechenden grünen Blütenstände in halber Höhe in das Gezweig. Würden noch in den Wipfeln der Bäume und an deren Rinde duftende Orchideen sitzen, das Bild eines tropischen Urwaldes, dem die Au so sehr ähnelt, wäre vollständig.
In den dunkelsten Beständen gedeihen schließlich manchmal noch Farne, deren ausgebreitete Wedel jedes Fünkchen Licht aufnehmen, anspruchslose Schachtelhalme und schließlich die Moose, von denen allerdings nur wenige Arten in der Au die häufige Überschlickung vertragen. An die Rinden der Bäume heften sich neben Baummoosen die Krustenflechten, harmlose Untermieter, die nur ein wenig Licht haben wollen, sonst nichts.
Im Waldboden verborgen hausen die Pilze, unsichtbar und geheimnisvoll. Sie zehren den Abfall des Waldes auf, Moder und andere verwesende Substanzen und brauchen dazu kein Licht, wie alle anderen, grünen Pflanzen. In weit ausgedehnten Geflechten, den Myzelien, durchziehen sie ihr unterirdisches Reich, und nur unter besonderen Umständen, wenn zwei Myzelien sich begegnen, verschmelzen und ihre Zellkerne sich vereinigen, wenn Feuchtigkeit und Wärme zusagen, dann senden sie ihre Fruchtkörper, die „Schwammerl" an die Oberfläche, um neue Sporen auszusäen, Keimzellen für neue Myzelien. Nur wenige eßbare Pilze beherbergt der Auwald, von denen die Speisemorchel dafür im Frühling stellenweise geradezu massenhaft auftreten kann. Viel wichtiger als ihre Rolle in der Küche aber ist die der Pilze im Haushalt des Waldes. So sehr versteckt leben diese seltsamen Pflanzen, daß man erst in jüngster Zeit ihrem verborgenen Wesen auf die Spur kam. Viele Bäume leben mit ganz bestimmten Pilzen in Lebensgemeinschaft, sie sind ihnen unentbehrlich beim Keimen, aber auch die Saugwurzeln der erwachsenen

Bäume sind verpilzt und dadurch besser befähigt, Wasser aufzunehmen. In dieser Symbiose beziehen die Pilze etwas vom Nährstrom der Bäume und geben dafür Stickstoffverbindungen ab. Aber das Gleichgewicht ist labil, leicht gelingt es dem einen oder anderen, seinen Partner zu unterdrücken oder gar zu vernichten.
Einzelne Pilze haben sich ganz oder doch größtenteils vom Erdboden losgelöst, befallen durch Wundstellen die Bäume, dringen in sie ein, durchziehen mit oft fingerdicken Schläuchen ihr Holz und bringen es zum Faulen. Alte, überständige Baumweiden werden besonders häufig durch den Hallimasch zum Absterben gebracht. Der Hallimasch ist aber nicht der einzige holzzerstörende Pilz im Auwald. Junge Pappeln werden vor allem in Monokulturen und auf ungeeigneten Standorten vom sogenannten Rindentod befallen, der ihre Wipfel oder sogar die ganze Pflanze absterben läßt. Etwas harmloser ist ein Rostpilz, der auf den Blättern der Pappeln braune Flecken und vorzeitiges Verdorren verursacht. Auch der Erreger des gefürchteten „Ulmensterbens" ist ein Pilz, der so massenhaft auftritt, daß er den Bestand der ganzen Holzart bereits ernsthaft gefährdet.
Die Zahl der tierischen Feinde des Waldes ist Legion. Hirsche und Rehe verbeißen die Knospen und fegen mit ihrem Geweih die Rinde von den jungen Bäumen. Mäuse und Engerlinge nagen an den Wurzeln.
Am gefährlichsten aber sind die kleinsten Feinde aus dem unabsehbaren Heer der Insekten. So bohrt die Larve des Kleinen Pappelbocks ihre Gänge in den Wipfeltrieb junger Pappeln und bringt ihn zum Absterben, wenn nicht das Bäumchen kräftig genug ist, um durch sein rasches Wachstum die Larve zu zerquetschen. Die Larve des Großen Pappelbocks wieder bohrt fingerstarke Löcher in den Stamm mehrjähriger Pappeln und entwertet ihr Holz. Ebenso nagt der Weidenbohrer große Löcher in die Weidenstämme. Große Bohrlöcher frißt auch die Larve des Hornissenschwärmers in Stamm und Wurzeln der Pappeln. Das erwachsene Insekt tarnt sich so täuschend als Hornisse, daß es von den Vögeln weitgehend verschont bleibt. Die Weidenschaumzikade wiederum, deren schaumiges Sekret wir schon als „Kuckucksspeichel" kennengelernt haben, sticht bis an den Splint der Weiden, läßt die Rinde absterben und färbt das Holz bräunlich.
Den Eschen machen gleich zwei Bastkäfer zu schaffen, die ihre Fraßgänge unter die Rinde bohren, ihre Gipfelknospe höhlt die Zwieselmotte aus und bringt sie zum Absterben. Die dem Forstmann so lästige Zwieselbildung des Baumes ist die Folge.
Der Erlenwürger verursacht durch seine Larvengänge das Abbrechen der Zweige und Äste an Erlen.
Aber noch lange nicht genug. Haben es die Bockkäfer und „Bohrer" auf

das Holz der Bäume abgesehen, fressen die Blattkäfer vor allem deren Laub. Stahlblaue, grüne oder kupferrote Erlenblattkäfer treten in manchen Jahren so zahlreich auf, daß nahezu jedes Blatt durchlöchert ist. Gefräßige Blattkäfer gibt es aber auch auf Weiden und Pappeln. Eschen werden manchmal von der Spanischen Fliege vollkommen kahlgefressen. Dazu kommen noch die Spinner, Eulen und Gespinstmotten. Von letzteren werden Traubenkirschen oft so stark befallen, daß sie wie unheimliche, schleierüberzogene Mondbäume aussehen.

Die Eichen hingegen werden in manchen Jahren von den Maikäfern buchstäblich kahlgefressen, so daß sie ein zweites Mal austreiben müssen, die gefräßigen Engerlinge nagen an ihren Wurzeln. Aber auch die Larven des prächtigen Hirschkäfers und des großen schwarzen Eichenbocks fressen Gänge in ihr Holz, mästen sich an den Kräften des Baumes. Eine Reihe von Kleinschmetterlingen, Spinner, Wickler und Spanner kann durch die Vielzahl ihrer Räupchen, die Laub und Knospen befallen, mitunter sogar gefährlich werden.

Angesichts der Vielzahl ihrer Feinde gleicht es einem Wunder, wenn die Bäume überhaupt am Leben bleiben. Daß ihnen dies gelingt, verdanken sie in erster Linie den Vögeln. Pausenlos suchen Meisen und Baumläufer, Kleiber und Spechte jede Ritze, jede Fuge ab, vom Wurzelhals bis zu den Knospen in der Krone. Sie machen das sozusagen hauptberuflich, Tag für Tag, und es ist für sie eminent lebenswichtig, daß sie immer wieder etwas aufstöbern. Der Larve des Pappelbocks etwa rückt der Specht zu Leibe. Er geht dabei nicht eben sanft mit der befallenen jungen Pappel um. Wie ein Doktor Eisenbart operiert er, daß die Späne nur so fliegen, und die Wunde läßt er offen gegen Regen und Wind zurück. Man könnte fast glauben, er richte damit mehr Schaden als Nutzen an. Auf das einzelne Individuum bezogen, stimmt das ja auch. Für die Natur aber ist niemals das Individuum, sondern nur die Art wichtig und wenn verhindert wird, daß sich der Pappelbock verhundertfacht, so kann darüber die junge Pappel ruhig zugrunde gehen.

Weniger gewalttätig befreien die kleinen Singvögel die Bäume von den Räupchen und Motten, den Käfern und Spinnern. Ein- bis zweimal im Jahr müssen sie ein Nest voll Junge aufziehen, die Meisen und Baumläufer, die Laubsänger und Grasmücken. Was immer sie in die ewig hungrig aufgerissenen Schnäbel stecken, hilft dem Wald.

Nach Sonnenuntergang ist das Getier der Nacht an der Reihe. Igel, Käuzchen und Eulen machen Jagd auf Mäuse, Fledermäuse fressen Unmengen von Schwärmern und Motten, vertilgen das, was die Singvögel übrigließen.

Bei den Früchten der Bäume und Sträucher hingegen macht es dem Wald nichts aus, daß sie sogleich ihre Liebhaber in der Tierwelt finden,

im Gegenteil. Wildschweine, Häher und Eichkatzen delektieren sich zwar an den nahrhaften Eicheln und Haselnüssen, sie sorgen jedoch auch für ihre Verbreitung. Sauen durchwühlen den Boden und schaffen ein lockeres Keimbett, Häher und Eichkatzen vertragen die Früchte weit, verstecken sie und vergessen dann oft ihre Speicher.
Alle Lebewesen sind ja bestrebt, ihre Art zu verbreiten. Die Pflanzen sind dabei gegenüber den Tieren im Nachteil, weil sie sich von alleine nicht von der Stelle bewegen können. Deshalb gebrauchen sie vielerlei Listen und Finten, um wenigstens ihre Früchte und Samen auf die Wanderschaft zu schicken. So sind leuchtend bunte Beeren geradezu darauf angelegt, von den Amseln und Drosseln, den Gimpeln und Seidenschwänzen gefressen zu werden, um im Vogeldarm eine kleine Luftreise zu unternehmen. Andere Pflanzen bedienen sich gar der Ameisen als Vehikel. Sie statten ihre Samen mit ölhältigen Anhängseln aus, die von den Ameisen sehr geschätzt und daher vertragen werden. Säugetieren hingegen werden klebrige oder anhäkliche Früchte ins Fell gehängt. Wasser- und Sumpfpflanzen haben meist schwimmfähige Samen, die vom Wasser vertragen werden.
Unübertroffener Verbreiter pflanzlicher Nachkommenschaft ist jedoch der Wind. Vom Scheibenflieger der Ulme über den Schraubenflieger des Ahorns, den behaarten Federschweif der Waldrebe oder den hauchzarten Fallschirmchen der Korbblütler haben die Pflanzen eine Unzahl von Flugeinrichtungen erfunden, um sich auf den Flügeln des Windes weit über Land tragen zu lassen. Nur wenige Pflanzen versuchen mit eigenen Kräften ihre Samen zu verbreiten. Auf irgendeine Weise trachten jedenfalls alle, neuen Lebensraum zu erobern.
Wer könnte sie zählen, all die Pflanzen und Tiere, die das geräumige, grüne Haus des Auwaldes bewohnen? Vom sonnendurchfluteten Kronendach angefangen bis zum modrigen Wurzelraum hält er tausende Verstecke und Nischen bereit, Heimat und Geborgenheit für alle seine Geschöpfe. Kampf ums Dasein ist wohl ihr Los, wie das alles Lebendigen, aber neben schärfstem Konkurrenzkampf gibt es für sie ein Netz von feinsten Wechselbeziehungen zu gegenseitigem Nutzen. Und gerade zwischen Jäger und Gejagtem hat immer der Schwächere die bessere Chance, denn der letzte Fuchs wäre längst verhungert, bevor es ihm gelänge, den letzten Hasen zu fangen, das letzte Wiesel würde lange vor der letzten Maus aussterben. Paradoxerweise sind nämlich die „Räuber“ viel gefährdeter, als ihre „Opfer“. Bei der sogenannten „Räuber-Beute-Pyramide“, wie es der Ökologe nennt, ist naturgemäß die Basis der Pyramide aus Beutetieren am breitesten, die Spitze, die der Räuber einnimmt, am schmalsten. Wird das Einzugsgebiet zu klein, so fällt die Spitze weg und das ganze System gerät in Unordnung. Bei den Greifvögeln, von de-

nen der Fischadler im Auwald praktisch ausgerottet ist und der Seeadler ihm bald folgen wird, können wir diese Entwicklung bereits verfolgen.
Ganz oder teilweise zusammenbrechen kann eine Lebensgemeinschaft auch durch Eingriffe des Menschen, der einzelne Glieder willkürlich herausreißt. Ein Beispiel dafür ist das Ausrotten der Großraubtiere. Als Folge davon vermehrten sich Rehe und Hirsche viel zu sehr, fügten dem Wald durch Verbiß schwersten Schaden zu und wurden außerdem selbst noch krankheitsanfällig wie nie zuvor. Die Büchse des Jägers kann nämlich niemals die von den Raubtieren geübte Auslese der Kranken und Schwachen ersetzen.
Auch die chemische Schädlingsbekämpfung, womöglich vom Flugzeug aus, vernichtet nicht nur das spezifische Insekt, sondern ebenso dessen natürlichen Feinde in der Insektenwelt und alle übrigen Unbeteiligten noch dazu. Pestizide verarmen aber auch das Bodenleben und gefährden die Singvögel entweder durch direktes Vernichten oder indirektes Verhungern. Immer weitere Kreise zieht dann das Unheil und es ist nicht abzusehen, wann die Kettenreaktion endlich zum Stehen kommt.
Im gesunden, naturnahen Wald sorgen biologische Regulatoren, wie Feinde und Krankheiten dafür, daß eine Überbevölkerung bald wieder zusammenbricht. Deshalb hat jede Art ihre Funktion und ihre Berechtigung, ist doch das Gleichgewicht einer Lebensgemeinschaft um so stabiler, je artenreicher sie ist. So umschließt der stete Kreislauf des Werdens und Vergehens alle Glieder des Auwaldes, macht das Geheimnis seines Reichtums, seiner Fruchtbarkeit aus. Fallaub und abgestorbene Pflanzenteile, tierische Leichen aller Art und Größen, dienen sogleich wieder kleinen und kleinsten Lebewesen zur Nahrung, werden immer weiter abgebaut und mit den Ablagerungen der Überschwemmungen vermengt, bis sie zuletzt als einfache Bausteine, in Wasser gelöst, von den Wurzeln der Pflanzen aufgenommen werden.

Ein wenig Forstwirtschaft . . .

Über keinen Beruf herrschen so viele falsche Vorstellungen, über keinen macht man sich so viele Illusionen, wie über den Beruf des Försters. Die Klischeevorstellung ist die eines grüngekleideten Mannes mit feschem Hut, der den ganzen Tag im Wald spazieren geht und dabei aufregende Jagd- und Wildererabenteuer besteht. Nun waren wohl früher Jagd- und Forstwirtschaft meist in einer Hand; heute sind sie jedoch oft getrennt, ja stehen sogar nicht selten zueinander im Gegensatz, laufen doch ihre Interessen immer mehr auseinander. Der extreme Jäger möchte den Wald am liebsten in ein überdimensionales Wildgehege verwandeln und sieht in den Bäumen nur Äsung und Deckung für sein Wild. Das andere Extrem verkörpert der Forstmann, der liebend gerne alles Wild abschießen würde, um endlich seine Verjüngungen hochzubringen. Die Lösung liegt, wie wohl meistens, in der Mitte. Wald und Wild sind ein Ganzes, das man nicht gegeneinander ausspielen sollte: Ein gesunder Wald müßte auch imstande sein, einen begrenzten Wildbestand zu ertragen. Leider sind viele unserer Wälder, in erster Linie die standortwidrigen Nadelholzmonokulturen, alles andere als gesund. Sie in naturnahe Mischwälder umzuwandeln, mißlingt jedoch wiederum wegen des hohen Wildbestandes — womit sich der Teufelskreis schließt.

In der Au prallen diese Gegensätze zum Glück nur in Ausnahmefällen so kraß aufeinander. In ihrer reichen Lebensgemeinschaft, mit ihrer Vielzahl an Kräutern und Stauden, an Sträuchern und Bäumen, bietet sie dem Wild abwechslungsreiche und gesunde Äsung. Der Wildschaden bleibt dadurch meist in erträglichen Grenzen.

Doch nicht von der Jagd soll die Rede sein und auch nicht von dem Streit der Förster contra Jäger, sondern von der Arbeit des Försters, die im Auwald besonders vielfältig ist, entsprechend der Vielgestalt seiner Waldgesellschaften.

ERNTE IM WINTER

Der Winter ist im Auwald die Zeit der Ernte, die Jahreszeit also, in der die Bäume gefällt werden. Weil es in den meisten Fällen erwünscht ist, daß die Stöcke wieder austreiben, kann nicht im Frühling oder Sommer geschlagen werden: Die Weiden, Erlen und Pappeln würden sich an den Schnittflächen zu Tode bluten. Im Gegensatz zu den Nadelhölzern, die ihr Harz imprägnieren, sind im vollen Saft gefällte Laubhölzer auch anfällig gegen Pilzinfektionen, die ihr Holz entwerten.

Der Wald kann nun auf sehr verschiedene Art genutzt werden: Man nimmt etwa nur Einzelstämme heraus und läßt die übrigen stehen, wie es beim Plenterwald der Fall ist, oder man schlägt ihn streifenweise nieder und schließt einen Streifen immer an den anderen an, wie beim Streifenschlag, oder man räumt eine mehr oder weniger große Fläche auf einmal, wie beim Kahlschlag. Der Forstmann nennt die Art und Weise der Nutzung „Betriebsform". Von allen Betriebsformen gilt der Kahlschlag mit Recht als die bedenklichste Art der Waldnutzung, weil er das Waldgefüge auf lange Zeit empfindlich stört, ja verwüstet. Auf geneigten Hängen schwemmt der Regen den ungeschützten Boden ab, Sonne und Wind trocknen ihn aus, das Unkraut überwuchert ihn und macht der jungen Kultur viele Jahre das Leben schwer. Es dauert Jahrzehnte, bis das vielfältige Beziehungsgefüge wieder eingependelt ist. Ein Waldbesitzer, der seine Wälder kahlschlägt, gleicht daher einer Firma, die regelmäßig ihre Fabrik abbrennt.

Die Au nimmt auch hier eine glückliche Ausnahmestellung ein. Ihr ebener Boden kann nicht abgeschwemmt werden, meterhohe Stockausschläge der Bäume und Sträucher bedecken den Schlag schon im ersten Jahr, beschützen ihn vor Wind und Sonne und lassen dem Unkraut keinen Raum. Kahlschlag ist in der Weichen Au nicht nur ungefährlich, sondern sogar notwendig, weil seine durchwegs lichtliebenden Holzarten in einer anderen Betriebsform benachteiligt wären.

Wer aber deshalb glaubt, die Arbeiten des Försters bestehen in der Au bloß aus dem Fällen der Bäume und dem Wiederaufforsten der Kultur, der ist dennoch auf dem Holzweg, obwohl selbst Waldbesitzer diese Meinung vertreten haben sollen. So geht von einem Auwaldbesitzer die Anekdote, er habe sich mit folgenden Worten gegen die gesetzlich vorgeschriebene Bestellung eines Forstmeisters gewehrt: „Ich bitte Sie, meine Herren, wozu brauche ich einen Forstmeister? Gepflanzt werden die Bäume von den alten Weibern, gefällt von den Holzknechten, dazwischen läßt sie der liebe Gott wachsen — also wozu brauche ich wirklich einen Forstmeister?"

EIN NIEDERWALD KANN RECHT HOCH SEIN . . .

In der Weidenau stimmt das Rezept auch noch leidlich. Es gibt nur eine einzige Holzart, eben die Weide, aus deren Baumstrünken die Stockausschläge bald wiederum einen dichten Weidenwald bilden. In häufig und lange überfluteten Beständen besteht allerdings die Gefahr, daß ein anhaltendes Hochwasser die Ausschlagkraft der Stöcke vernichtet. Der Förster beugt dem dadurch vor, daß er die Stöcke sehr hoch abschnei-

den läßt, wobei er auf gut einen Meter Holz am Stammfuß verzichten muß.
Eine derartige Regeneration aus Stockausschlägen nennt man „Niederwald“, was mit der Höhe der Bäume absolut nichts zu tun hat. Als „Hochwald“ dagegen wird ein Wald bezeichnet, der aus Sämlingen, bzw. Kernwüchsen hervorgegangen ist. Schließlich kennen wir noch den „Mittelwald“, in dem die obere Baumschichte, in der Au etwa die Esche, als Hochwald, die dienende untere Baumschichte der Erlen und Traubenkirschen dagegen als Niederwald genutzt wird.
Stockausschläge haben den Vorteil, daß sie über das ausgebildete Wurzelsystem des gefällten Baumes verfügen und daher gleich sehr rasch wachsen. Die Form ihrer Stämme ist dagegen oft weniger schön als bei den Sämlingen, sie sind häufig etwas geschlängelt und krumm. Der Forstmann zieht deshalb in der Regel das Wertholz aus Sämlingen und Kernwüchsen, das Brenn- und Füllholz, bei dem es mehr auf die Menge als auf die Qualität ankommt, aus Stockausschlägen. Auch die Weidenau wird als Niederwald betrieben, mit Ausnahme der ersten Generation, die natürlich angeflogen ist. Eine künstliche Nachzucht aus Weidensämlingen wäre hingegen viel zu schwierig und kompliziert. Um den Nachteil der krummwüchsigen Stockausschläge zu vermeiden, oder auch um eine sumpfige Stelle überhaupt zu bewalden, bedient sich der Förster gerne der Stecklinge oder auch Stoßstangen. Die Silberweide ist auf geeigneten Standorten ja so vital, daß sie sogar aus einem Zaunstecken wieder austreiben kann. Wo es auf Sortenreinheit ankommt, etwa bei den in vielen Rassen und Sorten gezüchteten Kanadapappeln, wendet er grundsätzlich nur die vegetative Vermehrung aus Stecklingen an.
Im Bauernwald fallen uns mitunter bizarre Formen von Kopfweiden auf, bei denen ein mächtiger Stamm von einem Besen rutenförmiger Äste gekrönt ist. Kopfweiden sind eine Spezialform des Niederwaldes, bei der nicht der ganze Baum, sondern nur seine Äste regelmäßig abgeschnitten werden. Sie bringen recht gute Massenerträge, aber keine Qualität. Sie können verhältnismäßig alt werden und treiben oft noch aus, wenn sie schon durch und durch hohl sind und fast nur mehr die Rinde steht. Die romantischen, bizarren Weiden auf manchen alten Bildern sind durchwegs Kopfweiden.
Die biegsamen Ruten der Korbweiden, die man in eigenen Kulturen zieht, werden schließlich regelmäßig alle zwei Jahre geschnitten, solange die Zweige noch elastisch genug zum Flechten sind.
Das Holz der Weide liefert in erster Linie Papierholz, dazu kann es schon ab dem 15. Lebensjahr verwendet werden. Aus starken Stämmen, in einem Alter von 35—45 Jahren, macht man Schälholz, Sperrholz, Holzschuhe, Wegwerfkisten für den Obst- und Gemüsehandel usw. Im Ver-

gleich zur Fichte, die erst mit 80 Jahren schlagreif wird, ist der Umtrieb bei der Weide also sehr kurz. Sie wird darin allerdings von der noch raschwüchsigeren Kanadapappel übertroffen.

WALDBAU ODER PLANTAGE?

Jahrhundertelang war der Auwald das Stiefkind der Forstwirtschaft. Nur die Jagd hatte für diese letzte Urlandschaft Interesse. Die dort wachsenden Weiden, Pappeln und Erlen gaben bestenfalls Brennholz ab, das von alleine wuchs. Das änderte sich nach dem Ersten und noch mehr nach dem Zweiten Weltkrieg, als der Rohstoff Holz knapp wurde, im Preis stieg und die Industrie entdeckte, daß sich die schnell wachsenden Weiden und Pappeln bestens für die Erzeugung von Papier eigneten. So wurde in den fünfziger Jahren die Kultur der „Kanadapappel" plötzlich modern. Bisher hatte man diese Kreuzung zwischen unserer heimischen Schwarzpappel und nordamerikanischen Pappelsorten nur in wenigen Aurevieren gepflanzt. Vorsichtig hatte man ausprobiert, welche Standorte ihr zusagten und hatte auf diese Art gute, ja beste Erfolge erzielt. Eingefügt in die fruchtbare Waldgesellschaft der Erlenau wuchs sie geradezu unheimlich schnell und zeigte mit zwanzig Jahren schon einen Stammdurchmesser von einem halben Meter. Das war mehr, als man sich erträumt hatte.

Nun wurde Kanadapappelkultur in großem Umfang betrieben. Obwohl die Erfahrungen mit den Fichtenmonokulturen eigentlich davor hätten warnen müssen, pflanzte man auch sie wieder möglichst eng im Reinbestand, nach dem Motto, je mehr, desto besser. Reinbestände aber sind für Schädlinge immer ein gedeckter Tisch, finden sie doch ihre Futterpflanze in ununterbrochener Folge vor. Sie vermehren sich auch dementsprechend, ganz besonders dann, wenn ihre Wirtspflanze aus anderen Gründen nicht sehr lebenskräftig ist. So standen sich die dicht gepflanzten Kanadapappeln gegenseitig im Wege, behinderten sich im Kronen- und Wurzelraum, blieben krankheitsanfällige Kümmerlinge, die fast überall enttäuschten. Nur bei einem Übermaß an Pflege, wie sie normalerweise nur landwirtschaftlichen Kulturen zugewandt wird, gediehen sie einigermaßen. Sie wurden aber immer noch von jenen Pappeln spielend überrundet, die in Mischbeständen mit Erle und Traubenkirsche aufwuchsen. Die goldenen Zeiten von einst sind für die Kanadapappel trotzdem vorbei. Durch die Massenanpflanzungen hat man die Schädlinge geradezu gezüchtet, von denen besonders die Pilzkrankheiten nicht unter Kontrolle gebracht werden können. Als Ausweg bleibt nur, krankheitsresistente Sorten zu züchten, das aber ist mühsam und kostet Lehrgeld. Auch von der Pappelplantage ist man wieder abgekommen, sie beansprucht zuviel Arbeitszeit und gerade daran herrscht Mangel. Von einem Schweizer Waldbauprofessor hörte ich einmal den Ausspruch „Laßt uns die Holzwege meiden und die Waldwege wieder finden". Er gilt auch für die Forstwirtschaft in der Au. Der Holzweg war die Pappelmonokultur und Plantage, der Waldweg ist der naturnahe Waldbau, der die Gastholzart einfügt in den heimischen Auwald, in wohldosierter Mischung und auf wohlüberlegten Standorten, wo sie das natürliche Waldgefüge nicht stört.

DIE HOHE KUNST DER NATURVERJÜNGUNG

Vergleichsweise einfach ist trotz allem noch die Pappelkultur gegenüber der Kunst, eine Naturverjüngung der Esche in richtiger Mischung mit der Erle heranzuziehen, wobei man unter Naturverjüngung einen spontanen Anflug aus Samen versteht. Unbeschadet des Modewirbels um die Kanadapappel, ist die Esche die wertvollste Holzart, die der Auwald hervorbringen kann. Ihr elastisches und doch hartes Holz findet vielseitige Verwendung, vor allem für Sportgeräte, Spielzeuge und Möbel. Ihr Preis übertrifft den der Weiden und Pappeln bei weitem. Der naheliegende Schluß, also doch nur Eschen in der Au zu pflanzen, führt uns jedoch wieder auf einen Holzweg. Die Esche ist nämlich eine sehr anspruchsvolle Holzart, die im Reinbestand den Boden gewaltig ausplündert und sich selbst schärfste Konkurrenz macht. Sie schattet überdies so wenig, daß sich unter ihr ein dichter Grasfilz einstellt, der den Nährstoff- und Wasserhaushalt weiter verschlechtert. Der Waldweg, um bei dem Gleichnis zu bleiben, ist auch hier der Mischbestand aus Esche, Erle und Traubenkirsche, mit einer dichten Strauchschicht im Unterholz.
Um überhaupt einen Samenanflug der Esche in einem Altbestand zu erreichen, muß der Forstmann dafür sorgen, daß etwas mehr Licht auf den Boden fällt, denn im tiefen Schatten beginnen die Samen erst gar nicht zu keimen. Er geht dabei sehr behutsam zu Werke, denn ein Zuviel führt sofort zur Vergrasung, die erst recht keinen Anflug aufkommen läßt. Sind keine Samenbäume in der Nähe, kann er durch Schneesaat etwas nachhelfen. Erst bis die jungen Eschen 1—2 Meter hoch sind, darf er den Altbestand räumen. Mit diesem Vorsprung behalten die Jungeschen den „Kopf" über dem nachdrängenden Dickicht von Stockausschlägen aus Erlen und Traubenkirschen, die sie astrein und schlank halten. Droht ihnen gelegentlich von einer gar zu stürmisch wachsenden Erle Gefahr, muß der Förster helfend eingreifen. Bald aber ist auch eine Auslese innerhalb der Jungeschen erforderlich, nur wenige können bis zum End-

bestand bleiben. Nach und nach werden die Krummen und Zwiesel, die Schwächlichen und Astigen herausgenommen, damit die Übriggebliebenen ihre Kronen ausbreiten können. Eine wichtige Rolle im Bestand spielen dabei die Grauerle und die Traubenkirsche, dienende Baumarten, deren Holz selbst nur wenig wert ist, ohne die aber die Höchstleistungen der Esche und auch der Kanadapappel in der Au nicht denkbar wären. Die Erle schafft mit ihrem rasch vermodernden Laub, mit ihren stickstoffbindenden Bakterien an den Wurzeln überhaupt erst die Voraussetzung für die große Fruchtbarkeit dieser Lebensgemeinschaft. Wenn die Buche manchmal etwas überschwenglich als die Mutter des Waldes bezeichnet wird, könnte man die Grauerle die Mutter des Auenwaldes nennen.
Auch die Traubenkirsche erfüllt eine wichtige Funktion im Haushalt des Bestandes. Sie belaubt sich sehr früh und schattet dabei sehr dicht, hält dadurch den Boden frei von unerwünschtem Graswuchs und treibt die Wertholzarten in die Höhe. Schließlich bietet sie in ihrem dicht belaubten Geäst vielen Vögeln eine Niststatt.
Das nächste Problem ergibt sich daraus, daß die Esche im Oberstand mindestens doppelt so alt werden kann als die Erle, die gerade im Unterwuchs schon mit 20—25 Jahren abzusterben beginnt. Sähe der Forstmann dem tatenlos zu, wäre der Bestand bald ohne Erlen, was keineswegs erwünscht ist. Er muß also gleichzeitig mit einer etwas schärferen Eschendurchforstung auch die Erlen und Traubenkirschen zwischennutzen, sodaß sie wieder frisch und kräftig austreiben und ihre Rolle als Nährerin und Beschützerin des Bestandes bis zum Ende spielen können. Zum Schluß sind von den Hunderten von Eschensämlingen auf der ehemaligen Schlagfläche nur mehr ein paar Handvoll übriggeblieben, deren Kronen sich in 30 Meter Höhe zu einer grünen Kuppel zusammenschließen, deren glatte, schlanke Stämme in weitem Abstand wie Säulen eines Tempels das Unterholz überragen.
Jede einzelne Phase dieser Arbeitsgänge ist wichtig, läßt sich, einmal versäumt, nicht mehr nachholen. Viel Einfühlungsvermögen und kontinuierliche Waldpflege ist erforderlich, aber der Erfolg krönt dann auch die Mühe.
Genau erinnere ich mich noch, wie mir mein Vater einmal, sozusagen als abschreckendes Beispiel, einen Eschenreinbestand zeigte, den noch sein Vorgänger begründet hatte. Die Eschen standen in lichten Reihen, kein schattender Baum, kein Strauch füllte sie auf; dafür bedeckte eine verfilzte Grasschichte den Boden, entzog ihm Wasser und Nährstoffe. Obwohl die Bäume kaum schenkeldick waren, erschien ihre Rinde rauh und rissig, von schwärzlichen Grinden überzogen und verriet dem Kenner ihr vorgeschrittenes Alter. Die Rinde ist gleichsam das Gesicht des Baumes, an dem sich sein Alter und seine Gesundheit ablesen lassen.

Natürlich ist es einfacher, Eschen und Pappeln in Reihen zu pflanzen. Naturverjüngung an Stelle gepflanzter Kulturen ist deshalb im Auwald, wie auch überhaupt, die Methode des Könners. Die Hand des prüfenden, beobachtenden und einsichtigen Forstmannes kann auch durch keinen Großeinsatz spektakulärer Maschinen ersetzt werden. Im Gegenteil, mit diesen gerät der Waldbau in Gefahr, in die Bahnen des primitiven Holzackerbaues zu gelangen, mit allen seinen sattsam bekannten, nachteiligen Folgen.

PROBLEME DER HARTHOLZAU

Wesentlich schwieriger als in der üppigen, grundwassernahen und regelmäßig überschwemmten Weichholzau ist der Waldbau in der Hartholzau. Der große Überfluß an Wasser und Nährstoffen, der jene auszeichnet, fehlt hier, Eichen und Ulmen wachsen viel langsamer als Weiden, Pappeln und Eschen. Von der Eiche sagt ein Förstersprichwort sehr treffend, daß sie zuerst 10 Jahre in die Erde, bevor sie aus der Erde wachse. Damit ist sehr gut beobachtet, daß sie zuerst ein kräftiges Wurzelsystem ausbildet, vor allem mit einer langen Pfahlwurzel in die Tiefe geht, bevor sie überhaupt in die Höhe wachsen kann. Auf den viel trockeneren Standorten der Hartholzau sind deshalb auch Kahlschläge nicht mehr so unbedenklich, wie in der raschwüchsigen Weichholzau, weil sich ihre Schlagflächen nicht mehr sofort mit Jungwuchs bedecken. Hier dringt dann oft die Goldrute ein, jenes aus Nordamerika eingeschleppte, gefürchtete Forstunkraut, das größte Problem in der Hartholzau. Auf Großkahlschlägen, in lichten Kanadapappel- oder Robinien-Reinbeständen wuchert sie dann so dicht, daß außer ihren fast mannshohen Ruten nichts, aber schon gar nichts mehr gedeihen kann. Weder Mähen noch Pflügen, noch Gift können sie auf die Dauer vertreiben, sie weicht nur dem Schatten.

Besser als die aufwendige und meist vergebliche Goldrutenbekämpfung wäre, wie überall, das Vorbeugen. Das bedeutet einen Verzicht auf Großkahlschläge, an deren Stelle kleinflächige Schläge, ja Einzelstammnutzung zu treten hätte. Lichte, offene Angriffsflächen für die Goldrute wären von vornherein zu vermeiden. Dem steht in der heutigen Zeit der Mangel an Arbeitskräften und der damit verbundene Trend zum Einsatz von Maschinen entgegen.

In der Hartholzau, die auf großen Flächen ihre Existenz ja überhaupt dem Jagdinteresse früherer Feudalherren verdankt, ist auch der hohe Wildbestand ein ernstes Problem für die Forstwirtschaft. Besonders die Überhege des Rotwildes hat hier zu schweren Schäden am Wald geführt. Kulturen und Naturverjüngungen haben nur mehr hinter Zäunen eine Chance. Zu den gefährdeten Holzarten gehört dabei die Eiche, die in unserem Klima ja nur alle 5 bis 10 Jahre ein ergiebiges Samenjahr hat. Wenn früher, in der klassischen Jagdzeit, trotzdem viel mehr Eichen wuchsen als heute, so liegt das auch daran, daß in der Zeit der Monarchie zentnerweise Eicheln aus Slavonien für die Wildfütterung eingeführt wurden. An den oft nur an die Bestandränder hingeschütteten Eicheln mästeten sich aber nicht nur die Hirsche, Sauen, Rehe und Fasane, sondern auch die Eichkatzen und Häher holten sich ihren Teil. Viele Eicheln blieben aber am Waldrand liegen und keimten dort, viele wurden von den Hähern und Eichkatzen versteckt und vergessen und wuchsen zu neuen Eichen heran. Heute wird das Wild nicht mehr mit Eicheln, sondern mit gepreßtem Kunstfutter oder allenfalls noch mit Mais gefüttert. In den seltenen Mastjahren der Eiche stürzt es sich auf seine Lieblingsnahrung und gräbt auch noch die wenigen Keimlinge wieder aus.

Schwere Schäden entstehen derzeit auch durch das ,,Ulmensterben", einer Pilzkrankheit, die schon vor Jahrzehnten aus Amerika eingeschleppt worden war und nun in der vierten oder fünften Welle, von Holland ausgehend, über das Festland hinwegzieht. Bei dieser Krankheit wird der Pilz vom Ulmensplintkäfer übertragen und in die Leitungsbahnen der Bäume gebracht. Dort verstopft er durch sein Wuchern die Gefäße und bringt zuerst die befallenen Äste, schließlich den ganzen Baum zum Absterben. Mangel an Arbeitskräften verhindert, daß die kranken Bäume rechtzeitig herausgenommen und die Infektionsherde beseitigt werden. Landauf, landab kann man deshalb überall die toten Ulmen an Straßenrändern und Waldungen, in Parkanlagen und Auen sehen. Noch ist das Ende der Epidemie nicht abzusehen, denn ein wirksames Mittel dagegen gibt es nicht. In der Hartholzau bedeutet der Ausfall einer ganzen Holzart eine schwerwiegende Veränderung in der Struktur der Bestände, ja, führt nicht selten zu ihrem völligen Zusammenbruch.

Ungeachtet dieser aufgezeigten Probleme wachsen in der Hartholzau die eigentlichen Werthölzer, vor allem die Eiche, nur dauert es eben länger: „Was langsam wächst, das wird gedoppelt stark!" Viel mehr als in der schnellwüchsigen Weichholzau muß hier der Forstmann langfristig planen, kommt doch der Erfolg seiner Arbeit erst der nächsten Generation zugute. In unserer raschlebigen, materialistischen Zeit fällt diese, früher selbstverständliche, Einstellung zum Wald immer schwerer. Man will wohl ernten, was die Vorfahren gesät haben, ist aber nicht mehr bereit, selbstlos für die Nachkommen zu arbeiten. Das ist angesichts der weltweiten ,,Nach mir die Sintflut"-Politik nicht verwunderlich, trifft den Wald aber doppelt verhängnisvoll. Motorsägen und vollautomatische Erntezüge, die die Bäume entwurzeln, entrinden und entasten, können wohl in wenigen Tagen einen Bestand räumen, keine Maschine aber kann die Bäume schneller als bisher wachsen lassen. Zerstören geht immer leichter und schneller, wiederbegründen ist nach wie vor mühsam und langwierig.

Muß der Auwald sterben?

Vor mehr als zwanzig Jahren erschien in einer Schweizer Forstzeitung eine Besprechung meiner Doktorarbeit über die Donauauen. Darin hieß es am Schluß: „Unsere Auenwälder gehören im wesentlichen der Vergangenheit an. Rodungen, Flußkorrekturen, Umwandlungen und Kraftwerke haben in wenigen Jahrzehnten gründlich damit aufgeräumt. Mit leisem Neid lesen wir von der Auwaldherrlichkeit im Donaugebiet."
Seither hat sich auch bei uns viel geändert. Von allen Seiten wurde die nur scheinbar unerschöpfliche Substanz des Auwaldes angegriffen, heute ist er zu einer sterbenden Landschaft geworden. Wird er überhaupt noch zu retten sein?

STROMREGULIERUNG, BEWÄLTIGTER EINGRIFF

Der erste fühlbare Eingriff in den Haushalt der Stromlandschaft erfolgte schon um die Jahrhundertwende. Damals wurde die Donau durch Dämme und Steinwürfe in ein dauerndes, festes Bett gezwungen, das ihr künftighin verwehrte, innerhalb der Aulandschaft ihren Lauf zu verlegen. Aus den vielfach verzweigten Armen, die gleich Lebensadern die Au durchzogen, wählte man einen Hauptstrom aus, die anderen wurden stillgelegt. Stromschlingen wurden oft durchstochen und begradigt. Für die damalige Zeit, mit ihren beschränkten technischen Hilfsmitteln, war das ein gigantisches Unternehmen, das uns heute noch Respekt abnötigt. Nun erst konnten die damals modern gewordenen Dampfschiffe und Schleppzüge auf der gebändigten Donau gefahrlos talab und talauf fahren, und auch der Schrecken der verheerenden Überschwemmungen war gemildert worden. Bei all diesen gewaltigen Arbeiten ging man bemerkenswert behutsam vor, beschränkte sich auf kleinere Stromkorrekturen und ließ Auwald und Altwässer unangetastet als natürliche Rückhaltebecken für Hochwässer.
Trotzdem wirkte sich die Regulierung auf die Pflanzen- und Tierwelt dieses Lebensraumes sehr ungünstig aus, und die nachteiligen Folgen dauern bis heute an.
Für den Auwald bedeutete der festgelegte Stromverlauf einen Verlust an Mannigfaltigkeit. Vorher hatte die weithin mäandrierende Donau das Gebiet immer wieder umgepflügt, neue Standorte geschaffen, alte wieder weggerissen. Unentwegt sorgte sie für neues Leben, für Bewegung. In das Korsett ihrer starren Ufer gepreßt, blieb ihr kaum mehr viel Spielraum für gestaltende Veränderungen. Die nicht mehr durchströmten Ar-

me verschlammten und verlandeten, waren immer weniger imstande, Wasser an die umgebende Au abzugeben. Neue Arme aber konnten nicht mehr entstehen. Nur innerhalb des Strombettes selbst schüttet die Donau nach wie vor Schotterbänke auf, bildet Inseln und trägt sie wieder ab, oder reißt bei einem großen Hochwasser schon verwachsene Arme wieder durch.
Trotzdem pendelt sich im Laufe der Jahrzehnte ein neues Gleichgewicht ein. Die beiden wichtigsten Lebensbedingungen für den Auwald, Überschwemmung und Grundwasser, waren erhalten geblieben, sein natürliches Ökosystem war noch hinreichend groß und intakt, um mit der Störung fertig zu werden.

HOHER PREIS FÜR DIE SICHERHEIT VON WIEN

Im Raum von Wien allerdings hatte die Sicherheit der Millionenstadt Vorrang, man entschloß sich hier zu wesentlich einschneidenderen Maßnahmen, deshalb verlief die weitere Entwicklung auch viel ungünstiger. Mit dem großen Durchstich bei Wien verkürzte man den Lauf der Donau ganz erheblich, der Hubertusdamm, als Hochwasserschutz für Siedlungen gedacht, schloß auch weite Auwaldgebiete von der Überflutung aus. Ein kürzerer Lauf aber bedeutet höheres Gefälle und schnelleres Abfließen des Wassers: Die Donau grub sich ein! Mit dem Eintiefen ihrer Stromsohle sank auch das Grundwasser und sinkt heute, siebzig Jahre danach, noch immer. Das Ziel, der Hochwasserschutz für Wien, war erreicht worden, aber die Rechnung mußte der Auwald bezahlen. Die Altwässer verlandeten, ganze Bäche versiegten. Wo im Auwald der Schotter flach lag, begannen die Bäume zu kränkeln und abzusterben, weil sie mit ihren Wurzeln das Grundwasser nicht mehr erreichten. An ihre Stelle traten Trockenrasen und vereinzelte Buschgruppen — die Heißländs! So sehr sich die Förster auch bemühen mochten, die Lücken im Auwald wieder zu schließen, alle Aufforstungsversuche mißlangen. Die kleinen Bäumchen hatten noch viel weniger Chancen, mit ihren Wurzeln bis zum Grundwasser vorzudringen. So breiteten sich inmitten des üppigen, fruchtbarkeitsstrotzenden Auwaldes mehr und mehr dürre Steppen aus, ein Prozeß, der immer noch nicht zu Ende ist.
Hinter dem Hubertusdamm im Raum von Wien schien der Auwald vorerst unversehrt erhalten zu bleiben. Allmählich aber begannen die düngenden Überflutungen zu fehlen, für die der Grundwasserrückstau, der an ihre Stelle getreten war, keineswegs einen Ersatz bot. Im Gegenteil, das filtrierte, stehende Wasser hinterließ nicht nur keine fruchtbaren Ablagerungen, sondern laugte den Boden eher aus, führte beim Absinken die

gelösten Nährstoffe aus dem Oberboden in das Grundwasser ab. So nahm die Fruchtbarkeit des Auwaldes hinter den Überschwemmungsdämmen zusehends ab, er verarmte immer mehr, verlor an Vitalität und Üppigkeit. Seine Holzarten leisteten immer schwächere Zuwächse, regenerierten sich schlechter, sein Wert verringerte sich laufend.
Die empfindliche Absenkung des Grundwassers wirkte sich unterhalb von Wien nicht nur auf den Auwald aus. In seiner näheren Umgebung versiegten Brunnen, verminderten sich Ernteerträge, und die zunehmende Trockenheit begünstigte im windoffenen, ebenen Gelände Flugerdebildung und Flugsandschäden. In einem Land, in dem das Wasser einst im Überfluß vorhanden war, wurde es auf einmal Mangelware. Wenn man heute im Frühjahr oder Sommer durch diese weite Ebene fährt, so sieht man am Abend von Horizont zu Horizont mächtige Springbrunnen, künstliche Bewässerungen, die die Existenz der Kulturen sichern. Die unkontrollierte Entnahme von Grundwasser verschlechtert die Gesamtsituation jedoch noch mehr.

DEN AUSVERKAUF DER AULANDSCHAFT

Konnte die Landschaft am Strom mit den Folgen der Regulierung noch einigermaßen fertig werden, so gelingt ihr dies mit der Staukette der Donaukraftwerke nicht mehr. Dabei begann es so harmlos. Die ersten Staustufen wurden in natürlichen Engtälern errichtet, deren Steilufer hohe Dämme entbehrlich machten. Die Kraftwerksanlagen wurden im Strombett selbst gebaut und beanspruchten nur wenig zusätzliches Land. Auenwälder waren davon nicht betroffen. Das änderte sich allerdings, als man in den großen Stromniederungen des Machlandes, des Eferdingerbeckens und des Tullnerfeldes die sogenannten Umleitungskraftwerke baute. Dabei wird eine Stromschlinge abgeschnitten, quer durch den Auwald ein neues Bett für die Donau gebaggert und die gesamte Anlage im Trockenen gebaut. Danach wird der Strom in sein neues Bett geleitet, während anstelle seines ehemaligen Bettes eine seichte, schnell verschlammende Lacke zurückbleibt. Die enormen Schottermengen aus dem Baggergut werden teilweise für den Bau von Dämmen verwendet, der Rest wird auf Auwaldflächen aufgeschüttet, die eigens dafür gerodet werden. Für das neue Strombett, Werksanlage und Aufschüttungsflächen gehen bei jedem Kraftwerk an der Donau ca. 300 ha Auwald für alle Zeiten verloren! Beim letzten Kraftwerk im Tullnerfeld wurden sogar 700 ha Auwald geopfert! Diese Art der Bauweise kommt um etwa ein Drittel billiger, als die herkömmliche im Strombett. Billig und teuer sind jedoch sehr relative Begriffe. Grund und Boden sind Güter, die sich

nicht beliebig vermehren lassen, der Verlust an Substanz ist mit Geld überhaupt nicht zu bezahlen.
Es sind aber nicht nur diese Rodungen, die die Aulandschaft bedrohen. Direkt und indirekt wirkt sich jedes Kraftwerk auch noch in anderer Hinsicht negativ auf die Landschaft am Strom aus. Unterhalb der Kraftwerksanlage kommt es zu einer Absenkung des Grundwassers, als dessen Folge Altwässer trockenfallen und auf schotternahen Rücken sogar neue Heißlands entstehen können. Hingegen haben sich die anfänglichen Befürchtungen, daß der Rückstauraum versumpfen würde, als unbegründet erwiesen, weil das gestaute Grundwasser durch Dämme, Abzugsgräben und Pumpwerke recht gut beherrscht werden konnte. Zuviel Wasser läßt sich ja immer leichter regulieren, als zu wenig Wasser. Dafür bedeutet der Verlust der Überschwemmung eine wirkliche Katastrophe für den Auwald, sein eigentliches Todesurteil. Nicht nur, daß die fruchtbaren Ablagerungen fehlen und die Au allmählich immer trockener, steriler und ärmer wird, so war doch die Überschwemmung bisher der beste Schutz gegen jede Rodung. Der Hunger nach Land ist groß. Sobald die ebenen, fruchtbaren Flächen nicht mehr von häufigen Überschwemmungen bedroht werden, stürzen sich zahllose Interessenten auf dieses Land. Im bäuerlichen Besitz wird die Au dann gerodet, um Mais zu bauen, der im Augenblick mehr bringt als Holz. Obwohl Rodungen einer Genehmigung bedürfen, werden sie doch viel zu oft bewilligt, wenn dafür im Hinterland irgend ein steiler Hang mit Fichten aufgeforstet wird. Bei solch einem gewaltigen Baugeschehen, wie es ein Kraftwerk ist, fällt es auch nicht weiter auf, wenn kleine und kleinste Auwaldreste inmitten der Felder stillschweigend verschwinden und der Pflug über sie hinweggeht, wenn Gräben und Tümpel zugeschüttet und eingeebnet werden. Gerade diese kleinen Feldgehölze aber sind als letztes Reservat der Naturlandschaft bedeutungsvoll. Sie beherbergen die natürlichen Schädlingsbekämpfer, von den Singvögeln bis zur Spitzmaus, von den Eulen bis zum Igel. Von hier aus kann sich auch das Bodenleben, das auf den Feldern total verarmt ist, wieder regenerieren, und nicht zuletzt beleben die unregelmäßigen, kleinen Waldflächen die ohnehin sonst öde Getreidesteppe.
Bleiben die Überschwemmungen aus, ist zu befürchten, daß die Au noch mehr als bisher zersiedelt und verhüttelt wird, daß eigene Zufahrtsstraßen entstehen. Neue Schnellstraßen werden ohnedies bevorzugt in den Auwald gelegt. Wo soviel gebaut wird, steigt der Bedarf an Schotter sprunghaft an, wo ließe er sich leichter decken als im Auwald? Schottergewinnung aber bedeutet Staub und Lärm inmitten der grünen Au. Absurderweise aber wird der Baggerschotter aus den Stauseen, wenn der Transport sich nicht lohnt, einfach in die zunächst liegenden Altwässer geschüttet.

Der weitaus gefährlichste Anschlag auf den Auwald aber geht von der Industrie aus, die sich zunehmend in den ebenen, verkehrsgünstigen Lagen am Strom ausbreitet. Im Auenbereich bei Linz liegt das riesige Industriezentrum der VÖEST, in der Lobau bei Wien Ölhafen und Öltanklager unmittelbar benachbart einer großen Trinkwasserentnahme (!), direkt am Strom und mitten in der Au das Atomkraftwerk Zwentendorf, eine Wüstenstadt ist unweit der chemischen Fabrik Moosbierbaum in den Tullner Auen entstanden, Industriegelände durchbrechen die Au bei Langenlebarn, Korneuburg usw.
Leider ist das alles erst ein Anfang! Geplant ist ein großes Industriegebiet an der Ennsmündung; geplant ist ein Industriehafen und Zentrum in der, als Erholungsraum unersetzlichen, auch forstlich bedeutsamen Melker Au, direkt unterhalb des weltberühmten Barockstiftes; geplant ist ein Industriegelände unterhalb von Krems, das über 27 km^2 beanspruchen würde — ein katastrophaler Anschlag auf die Substanz des Auwaldes! Alle derartigen Vorhaben setzen die Staustufen der Donau voraus, die durch Dammbauten den Rückstauraum hochwasserfrei machen würden.
Warum sich die raumfordernden Angriffe gerade auf den Auwald konzentrieren, erklärt sich aus seiner Stellung als „wirtschaftliches Niemandsland", das ohne großen Widerstand in der Bevölkerung beansprucht werden kann.
Rodungen, Kraftwerke, Industrieanlagen, Siedlungen und Schottergewinnung sind jedoch nur die brennendsten Gefahren für die Aulandschaft. Sie wird darüber hinaus noch von einer ganzen Reihe von Eingriffen beeinträchtigt. Strom und Au sind ja ein Ganzes, gehören untrennbar zusammen, deshalb treffen alle Veränderungen des Stromes auch den Auwald. So durchdringen vergiftete Abwässer die Filtrierschicht des Ufers, sickern in Grundwasser und Altwässer ein und vernichten das vielfältige Leben in den Auweihern und Tümpeln. Ölige Abwässer hingegen zementieren die Ufer und dichten sie ab. In den gleichmäßig tiefen Stauseen mit ihren künstlichen Ufern gibt es weder Schotterbänke noch sandige Buchten — den Lebensraum für Uferläufer und Kormorane, Reiher und Uferschwalben.
Noch nicht annähernd abzusehen sind ferner die Veränderungen, die sich durch das Aufheizen des Wassers durch Kernkraftwerke ergeben werden, ganz zu schweigen von der radioaktiven Verseuchung. Flugschneisen bringen Abgase und Lärm von oben an die einmalige Erholungslandschaft der Lobau heran.

ALTWÄSSER ALS MÜLLDEPONIEN

Die schönsten Landschaftselemente des Auwaldes, seine verschwiegenen Altwässer und Autümpel, Heimat und Lebensraum für eine Vielzahl von Geschöpfen, sind auch am meisten gefährdet. In Stadt und Land wächst uns der Müll gefährlich über den Kopf, und jedes Mittel ist recht, um all den Unrat, den wir soeben um teures Geld als „Verpackung" gekauft haben, wieder loszuwerden. Ihn kurzerhand im nächsten Tümpel verschwinden zu lassen, ist ebenso einfach wie billig. Deshalb findet man stromauf, stromab Altwässer als Mülldeponien. Das fängt bei kleinen, „wilden" Deponien in straßennahen Wassergräben und Tümpeln an, wo sich vorbeikommende Autofahrer ihres Gerümpels entledigen und hört bei den großen Deponien ganzer Gemeinden auf, die systematisch die Altarme anfüllen. Und das, obwohl unser Wasserschutzgesetz jede Verunreinigung des Grundwassers unter Strafe stellt! Was wird sein, wenn es keine Altwässer als billige und bequeme Deponien mehr gibt? Dann wird man sich wohl eine andere Lösung dieses Problems einfallen lassen, die Aulandschaft aber wird ihres schönsten Teiles beraubt sein.

AUWALD IST SCHUTZWALD

Der Präsident des World-Wild-Life-Fonds, Prinz Bernhard der Niederlande, sagte anläßlich der Eröffnung des Schutzgebietes Marchauen: „Befruchtet vom Wasser und Schlamm der Flüsse, gehören die Auwälder zu den üppigsten und artenreichsten natürlichen Lebensgemeinschaften, zu den Gebieten, in denen die schönsten und geheimnisvollsten wilden Pflanzen und Tiere leben. Sie zahlen aber den Flüssen den Dienst zurück, sie nehmen bereitwillig ihr Wasser auf, wenn es zu reichlich kommt, ersparen damit dem Hinterland Überschwemmungen. Sie reinigen auch, durch biologische und mechanische Prozesse, das Wasser der Flüsse.

Wenn wir in westlichen Teilen Europas die Auenwälder in dem Zustand erhalten hätten, in denen sie heute noch in großen Teilen des Donaubekkens sind, wären unsere Flüsse reiner und schöner geblieben. Statt dessen gehören sie nun zu unseren größten Sorgenkindern, für die wir jährlich Millionen ausgeben müssen, nicht um sie wirklich zu heilen, sondern nur um noch schlimmeren Katastrophen vorzubeugen.

Als Holländer kann ich sagen, daß meine Landsleute wohl wissen, warum sie darüber so traurig sind, daß sich das Rheinwasser in eine stinkende Brühe verwandelt hat. Wir besingen nämlich den Rhein nicht in Gedichten, wir müssen sein Wasser trinken.

In Westeuropa haben Industrialisierung und Prosperity zu einem Raubbau an der Natur geführt, den wir teuer bezahlen müssen. Hier in Österreich ist die Natur noch besser erhalten, und Sie könnten aus unseren Fehlern lernen."

Trotz dieser mahnenden Worte aus berufenem Mund wird bei uns auch heute noch bedenkenlos die Au gerodet und zerstört, so als wäre sie nutzloses Ödland, ohne jeglichen praktischen oder ideellen Wert. Dabei hätten wir, selbst rein materiell betrachtet, alle Ursache, diese Stromlandschaft zu hegen und zu bewahren.

Vielfältig sind die Schutzfunktionen des Auwaldes, an deren erster Stelle sein Einfluß auf den Wasserhaushalt steht. Bei Hochwasser bietet die Au mit ihren Altarmen und Gräben, mit ihren Weihern und Tümpeln einen natürlichen Retentionsraum, der die Hochwasserspitzen abfängt. Von diesem Rückhaltebecken fließt das Wasser nur allmählich wieder ab, wodurch die Gefahr für unterhalb liegende Siedlungen verringert wird. Der dichte Bewuchs von Bäumen und Sträuchern bremst ferner die Gewalt der Strömung und mildert ihre Zerstörungskraft.

Der Auwald beeinflußt aber auch das Klima im weiten Umkreis. In Trokkenzeiten gibt er seinen Überschuß an Wasser langsam wieder ab, sodaß er zum Ausgleichsspeicher für die gesamte Umgebung wird. Sein reichlich vorhandenes Oberflächenwasser, sein Grundwasser, das in ununterbrochenem Kreislauf von den Bäumen und Sträuchern hochgepumpt und von der Vielzahl seiner transpirierenden Blätter wieder abgegeben wird, erhöht außerdem die Luftfeuchtigkeit ganz bedeutend, gleicht dadurch Temperaturgegensätze aus und mindert die extremen Sommertemperaturen. Das ist besonders im östlich-kontinentalen Raum wichtig für die angrenzenden, landwirtschaftlichen Kulturen, die im Schutze des Auwaldes weit höhere Erträge erreichen, als außerhalb.

Von eminenter Bedeutung ist der Auwald ferner für die Trinkwasserversorgung. Sauberes, trinkbares Grundwasser, ohne Rückstände von Düngemitteln und Pestiziden, ohne Verunreinigung von Industrie und Haushalt, findet man heute fast nur mehr in seinem Bereich. In nicht allzu ferner Zeit wird man Auwälder nur wegen des Trinkwassers zu Bannwäldern erklären müssen, und es wäre angezeigt, daran zu denken, solange es noch gesunde Auwälder gibt.

Schließlich ist der Auwald ein Regenerationszentrum ohnegleichen für die benachbarten Landschaften, vor allem für die angrenzende Getreidesteppe. Fuchs und Marder, Igel und Eule wohnen zwar im Auwald, holen sich ihre Mäuse aber überwiegend aus den nahen Feldern. Dasselbe gilt für viele insektenfressende Vögel, die weit über ihr eigentliches Brutgebiet hinaus regulierend auf die menschlich geschaffene Kulturlandschaft einwirken. Im Auwald finden auch seltene und bedrohte Pflanzen und

Tiere ein Refugium, in ihm hat das Wild noch einen deckungs- und äsungsreichen Einstand.
Mehr und mehr wird die soziale Funktion des Auwaldes bedeutungsvoll und unentbehrlich. In einer Zeit, da die Städte durch Lärm und Abgase immer lebensfeindlicher und unerträglicher werden, da auch die Feld- und Wiesenwege verschwinden und großräumigen, maschinell bearbeiteten Kulturen weichen, bleibt allein noch der Wald als ruhige, gesunde und gefahrlose Erholungsquelle übrig. Er beschützt uns vor Abgasen und Staub, vor dem lauten, lebensbedrohlichen Verkehr, in ihm finden wir die Stille und Einsamkeit, die wir heute mehr denn je brauchen. Gerade der Auwald, mit seiner abwechslungsreichen Struktur, seiner üppigen Pflanzenwelt und seinem reichen Tierleben, hat ja dem Naturfreund und Wanderer unendlich viel zu bieten.
Vielfach unterschätzt wird der Auwald auch als Rohstoffquelle. Holz ist der einzige Rohstoff, der von selbst wieder nachwächst. In der Au tut er das noch besonders schnell, doppelt und dreimal so schnell, wie in den übrigen Wäldern. Weiden und Pappeln liefern vorzügliches Papierholz, Eschen und Eichen ausgezeichnetes Wertholz. Es wäre kurzsichtig und auf lange Sicht unrentabel, darauf verzichten zu wollen.
Über allen materiellen Erwägungen aber steht die kulturelle Verpflichtung, diese einzigartige Naturlandschaft der Nachwelt zu erhalten. Der Auwald als Lebensraum braucht den gesetzlichen Schutz: Nicht länger mehr darf er vogelfrei jeglicher Zerstörung preisgegeben sein. In letzter Minute sind Auwaldreservate zu schaffen, solange es noch unberührte, naturnahe Auenwälder gibt. Andernfalls werden wir, ebenso wie die Schweizer, in wenigen Jahrzehnten trauervoll und resignierend sagen müssen: Unsere Auwälder gehören der Vergangenheit an.
Noch ist es Zeit! Noch dehnt sich mancherorts die grüne Wildnis am großen Strom voll paradiesischer Unberührtheit, noch gibt es stille Altwässer voll tausendfältigem, verborgenem Leben, noch blühen seltene Blumen, noch jubilieren ungezählte Vögel in der Au — wie lange noch?